シーラカンスは語る

化石とＤＮＡから探る生命の進化

大石道夫 著

丸善出版

目　次

第1章　生ける化石シーラカンス

プロローグ：生ける化石シーラカンスが見つかった

クリスマスというと、さっそうとサンタクロースが雪の上をトナカイに曳かれた橇《そり》に乗ってやって来るというのが我々のイメージだ。しかし、南半球のクリスマスは、あたり前のことだが夏に訪れる。１９３８年のクリスマスの2日前、南アフリカのインド洋に面した港町、イーストロンドン（East London）の漁船の船着き場に一人の女性が訪れたことから話は始まる。女性の名前はラティマー（M. Latimer）、当地の小さな博物館のスタッフである。彼女がこの小さな漁港を訪れたのはこの日だけではない。少しでも暇を見つけると彼女はこの漁船の船着き場に現れる。だから、漁師たちとはすっかり顔なじみだ。船着き場に来るたびに彼女が漁師たちに投げかける言葉はいつも同じである。"Is there any interesting fish in your today's catch?"今日の水揚げのなかに何か面白い魚はいませんか?と。彼女の目的はもちろん、面白い、変わった魚があればそれを剝製にして博物館に展示することだ。

12月22日の午後のことである。ラテイマー女史の目がひときわ輝いた。ある漁船の船長が捕獲した魚のなかに奇妙な魚があったのである。その魚は全長1メートル半もの大きな魚で、見慣れない大きな鱗《うろこ》で覆われ、鮮やかな青色をしており、何よりその体型ときたら普通の魚とは一見して違うのだ。こんな魚を彼女は今までまったく見たことがなかった。この魚は近くのチャルムナ(Chalumna)河の河口で網にかかったという。彼女は回顧録で「私が今まで見たなかでもっとも美しい魚」と言っている。よほど興奮したのだろう、彼女はこのばかでかい魚を嫌がる運転手を説得してタクシーで博物館に運び込み、すぐそのスケッチにとりかかる。そして、そのスケッチを彼女がもっとも信頼する当地の大学のスミス教授(J. L. B. Smith)のもとに送ったのである(ラテイマー女史の写真と今残っている彼女が書いたシーラカンスのスケッチを図1に示す)。なぜなら、スミス教授の専門は化学だが、趣味とも言える魚の分類や生態についてはめっぽう詳しいからだ。しかし、遠方でクリスマス休暇を取っていたスミス教授からの返事は待てども、待てども来ない。夏でもあり、魚は腐り始める。今や彼女にとって、この魚を保存する方法は、内蔵を捨て、魚の表面だけを残し剝製を作る以外にはなかった。当時の地方の博物館には冷蔵や化学

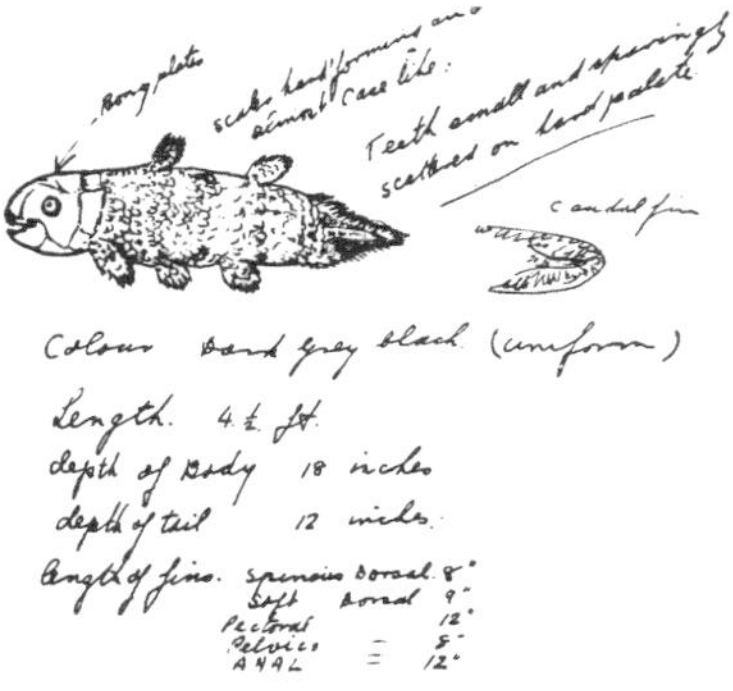

(a)　　　　　　　　　(b)

図1　ラテイマー女史（a）とラテイマー女史の描いたシーラカンスのスケッチ（b）

［出典：J. L. B. Smith, “The Search Beneath The Sea: The Story of the Coelacanth”, Plate I, Henry Holt and Company (1956).］

処理のための十分な設備がなかったのである。

　待ちに待ったスミス教授から電報が来たのはスケッチを送ってから十日も経って、すでに新年（1939年）に入ってからのことであった。今や有名になったこの電報の文面はこうだ、「これはすごく重要な話だ、骨格とえらを保存するように」。教授はラテイマー女史のスケッチから、この魚はすでに絶滅したと信じられていた、当時化石でしか知られていない古代魚シーラカンス（coelacanth）ではないかと直感したのだ。そして万一、このシーラカンスが現在も生存していたとしたら？　その発見の重要性は言うまでもない。このことを教授は十分に認識していたのだ。当時の学界での通説では、シーラカンスはデヴォン紀（Devonian：約4億1900万～約3億5900万年前）

（巻末に地質年表を示す）に現れ、その後長いあいだ、地球上の多くの地域で棲息していたことが化石の記録からわかっていたが、今から約６６００万年前の白亜紀末の生物の大絶滅（K–T mass extinction）後の地層からはその化石がぱったりとみられなくなったのである。誰もが、シーラカンスもこのときに絶滅した恐竜やアンモナイトとその運命をともにしたと信じて疑わなかったのである。

今やラテイマー女史が作った剝製しか残っていないこの魚は、本当にシーラカンスなのだろうか。これを証明するには、なんとしても再びシーラカンスを見つけなければならない、とスミス教授は決心する。教授のシーラカンス再発見にかける努力はなみなみならぬものがあった。教授はシーラカンスのスケッチをイーストロンドンのみならず、アフリカ東海岸の国々に送って協力を呼びかける。さらに発見者には賞金（１００英ポンド、当時）を提供するとした。しかし、このような努力にもかかわらず、２匹目のシーラカンスはなかなか見つからない。ラテイマー女史が作った剝製が残っているとしても、本当にシーラカンスは現存するのだろうか。待つこと久し、さらに14年の月日が流れる。朗報はついに１９５２年、やはりクリスマス直前の12月21日に訪れる。舞台ははじめにシーラカンスが見つかったイーストロンドンのはるか北方約３０００キロメートルにあるアフリカ大陸とマダガスカル島のあいだの現ケニア領コモロ（Comoro）諸島沖合だ。地元の漁師の釣り糸にかかった魚が、間違いなくスミス教授が探し求めていたシーラカンスだったのだ。絶滅したと思われていたシーラカンスが生存していたことが再確認された瞬間であった。スミス教授はこの知らせにどんなに喜び、興奮したことだろうか。誰もが絶滅したと思っていたシーラカンスが間違いなく現在も生き残っていたのだ。このニュースは世界中を駆け巡り、シーラカンスは一躍「生ける化石（living fossil）」として有名になったのである。当然のことながらこのシーラカンスに学名がつけられた。*Latimeria chalumnae* というのがその学名だが、*Latimeria* はもちろん、シーラカンスのはじめの発見者ラティマー女史（Latimer）に敬意を表してつけたもので、*chalumnae* はその河口でシーラカンスが捕獲された河の名前に由来する。

さて、現存するシーラカンスは *Latimeria chalumnae* だけではない。実はその後もう一種のシーラカンスが見つかっている。新種のシーラカンス発見のニュースはラティマー女史の発見からちょうど60年後の１９９８年に飛び込んできた。１９９７年の秋、アメリカで研究していた生物学者エルドマン博士（M. Erdmann）は新婚旅行でインドネシアを訪ねていた。彼はインドネシアのセレベス島マナド（Manado）の魚市場で売っている魚のなかにシーラカンスがあるのを見つけた。その外見はラテイマー女史が見つけたシーラカンスとそっくりだった。しかし、その体の色が異なることを生物学者であるエルドマン博士は見逃さなかった。ラテイマー女史が見つけたシーラカンスが青色であるのに対して、この魚の体色は茶色っぽい色をしていたのだ。聞く

図２　インドネシア沖のシーラカンス（*Latimeria menadoensis*）
［アクアマリンふくしま提供］

とこの魚はマナド沖のセレベス海で獲れ、当地では魚の王様と呼ばれているという。この魚はすぐ売られてしまったが、翌年（１９９８年）さらにもう一匹の同じシーラカンスが捕獲された。その後のＤＮＡの解析など詳細な調査の結果、このシーラカンスはラティマー女史が見つけたシーラカンスとは似てはいるが別の種であることがわかった。学名は獲れた場所マナド（Manado）にちなんで *Latimeria menadoensis* と名づけられた。アフリカから海続きとはいえ1万キロメートルも遠く離れた東南アジアでもシーラカンスが生きていたのだ。したがって、現在少なくとも2種のシーラカンスが地球上に生存していることになる。図2にインドネシア沖で見つかったシーラカンスの写真を示す。

なおシーラカンス（coelacanth）という名前は、ギリシャ語の「中空な」（*coel*）「棘《とげ》」（*acanth*）に由来する。1839年に初めてシーラカンスを記載したアガシ博士（L. Agassiz）が化石で見つかったシーラカンス尾びれにある、放射線状の鰭条《きじょう》が中空であることから命名したものである。

解けてきたシーラカンスの謎

シーラカンスが生存していることから、シーラカンスに関する多くの謎が解けてきた。まず、この2種のシーラカンスの棲息する地域はその後の調査でかなり詳しくわかってきた。ラティマー女史が発見したシーラカンス（*Latimeria chalumnae*）はアフリカ、コモロ諸島を中心にケニア、タンザニア、モザンビーク、マダガスカル、南アフリカなど西インド洋の東アフリカ諸国沿岸で棲息している。いっぽう、インドネシア沖で見つかったシーラカンス（*Latimeria menadoensis*）の棲息場所については西インド洋のシーラカンスほどよくわかっていないが、最近、最初に見つかったセレベス島から1000キロメートルも離れたニューギニアの西北にあるビアク島沖でも見つかったことから、その棲息する範囲はインドネシアを中心とするかなり広い海域である可能性が高い(2)。このようにシーラカンスが現に生きていることから、我が国など世界の研究グループがその生態の観察、生体の解剖などによってシーラカンスについての多くの謎が解きほぐされてきた。

図３　シーラカンス（*Latimeria menadoensis*）の生態写真
［アクアマリンふくしま提供］

シーラカンスの生態はどのようなものであろうか。我が国のグループなどによって水中カメラを駆使してシーラカンスの海中での行動が撮影され、その生態が明らかになりつつある(2)（図３）。それによるとシーラカンスは水深１５０〜７００メートルの比較的深い海底の岩陰や洞窟に潜み、夜になると餌を求めて周辺を回遊する。すなわちシーラカンスは夜行性の魚である。シーラカンスは単独でいる場合が多いが、海底の洞窟内で数匹一緒にいるところも撮影されている。シーラカンスの行動様式についてはまだまだ不明な点が多い。

このようにシーラカンスは現在太陽の光が届きにくい比較的深い海で生活しているが、化石の記録によると、シーラカンスは今から3億年以上前からずっと浅い海や淡水に棲んでいたことはほぼ間違いがない。想像をたくましくすると、その太い根元を持ったひれをあたかも動物の四肢のように使って浅い海底を這いずり回り、目の前にある陸地へ上がる機会をうかがっていたのであろう。このように3億年以上前から約6600万年前の白亜紀末の大絶滅までは浅い海に棲んでいたシーラカンスがいつ、そしてどうしてこのように深い海に棲むようになったのだろうか。そしてこの事実はシーラカンスがこの大絶滅を逃れて現在まで生きのびたこと関係しているのだろうか。この謎はいまだ完全には解けていないが、太古のシーラカンスと現在のシーラカンスとの生活様式の大きな違いであることは間違いない。

実際にシーラカンスを解剖したり、その体内のCTスキャンを撮ることにより、明らかになったことも多い(3)。予想どおりシーラカンスには、現在の多くの魚（硬骨魚）に見られる背骨はなかった。その代わり、中空なホースのような組織があり、中には液体が入っており、それが背骨の役目を果たしている。このホース状組織の主成分は化石として残りにくいタンパク質からできているから、シーラカンスの化石をみると同時代のほかの魚の化石にはある脊椎が見当たらない。図4に白亜紀のブラジルのサンタナ層（Santana formation）からのシーラカンス（*Axelrodichthys araripensis*）（a）と、同じ場所から発掘された硬骨魚ネオプロシネテス（*Neoproscinetes penalvai*）（b）の内部の断面が見える化石の写真を示すが、シーラカンスの化石にはネオプロシネテスやほかの魚にある化石化した脊椎がみられない。ひれにある鰭条が中空であることから、アガシ博士が命名したシーラカンスの語源「中空な棘」はこの脊椎にもあてはまっていたの

(a)

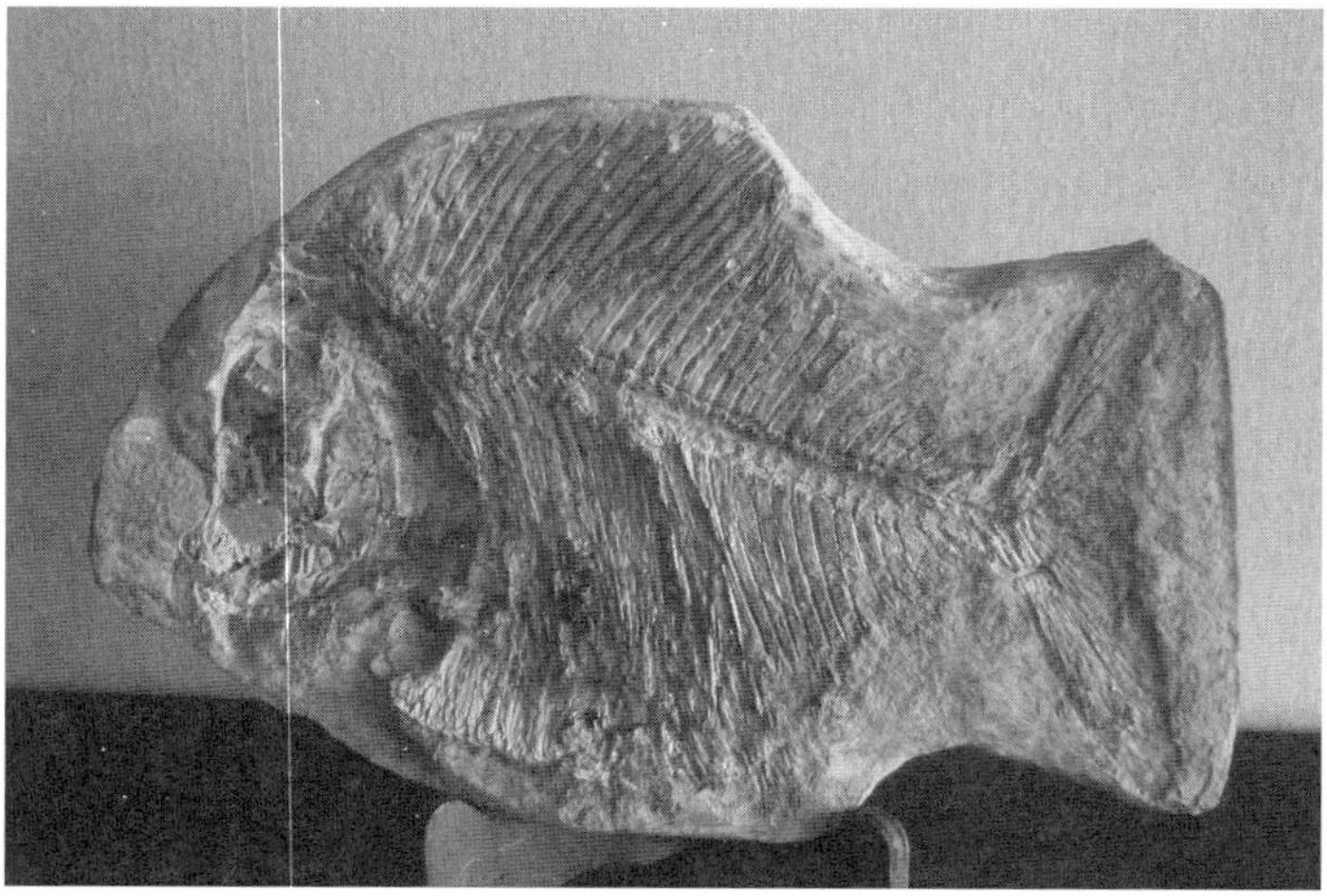

(b)

図４　シーラカンス（a）および硬骨魚（b）の断面化石

(a) アクセルロデイクチス（*Axelrodichthys araripensis*）〔産地：ブラジル，アラリペ地方．時代：白亜紀〕

(b) ネオプロシネテス（*Neoproscinetes penalvai*）〔産地：ブラジル，アラリペ地方．時代：白亜紀〕

［大石コレクション］

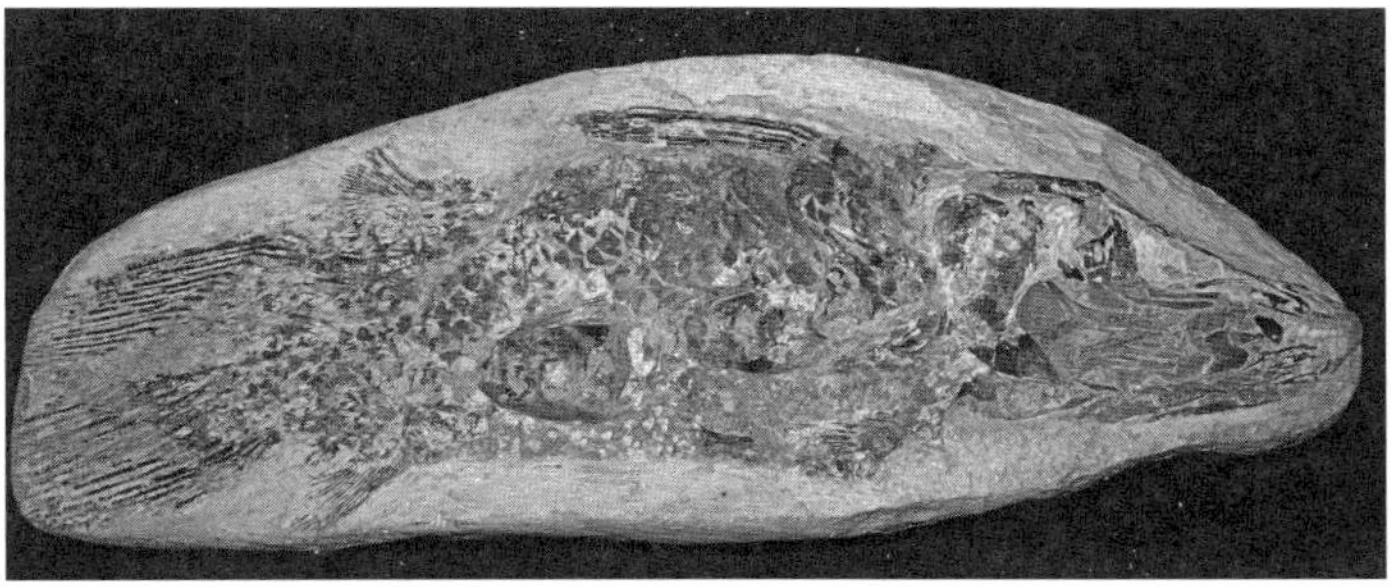

図5　シーラカンスの一種，アクセルロデイクチス（*Axelrodichthys araripensis*）の化石
〔産地：ブラジル，アラリペ地方．時代：白亜紀〕
［大石コレクション］

だ。

もう一つシーラカンスの化石で特徴的なのは腹部にみられる球状の組織であり（図5）、この組織の実体とその役割については長いあいだ議論があった。現存のシーラカンスを解剖してみると中に脂肪が詰まっており、水中で浮揚するときに浮きの役割を果たすものと推定される。解剖の結果、胃の中にあった魚の多くは比較的深い海に棲む魚であり、これら深い海にいる魚を常食にしていることもわかった。シーラカンスの化石の顎《あご》の構造より以前から推定されていたとおり、餌となる魚を吸い込むようにして捕まえていることも確認された。おそらく、じっと待ち伏せをし、近くに餌となる魚が来るとそれを一気に吸い込んでいると思われる(2)。

シーラカンスにはみかけ上、合計8本のひれがある（図6）。そのなかで対鰭《ついき》と呼ばれる胸部と腹部に前後一対ずつある4本のひれ、その後方にある1本のひれ、背部後方

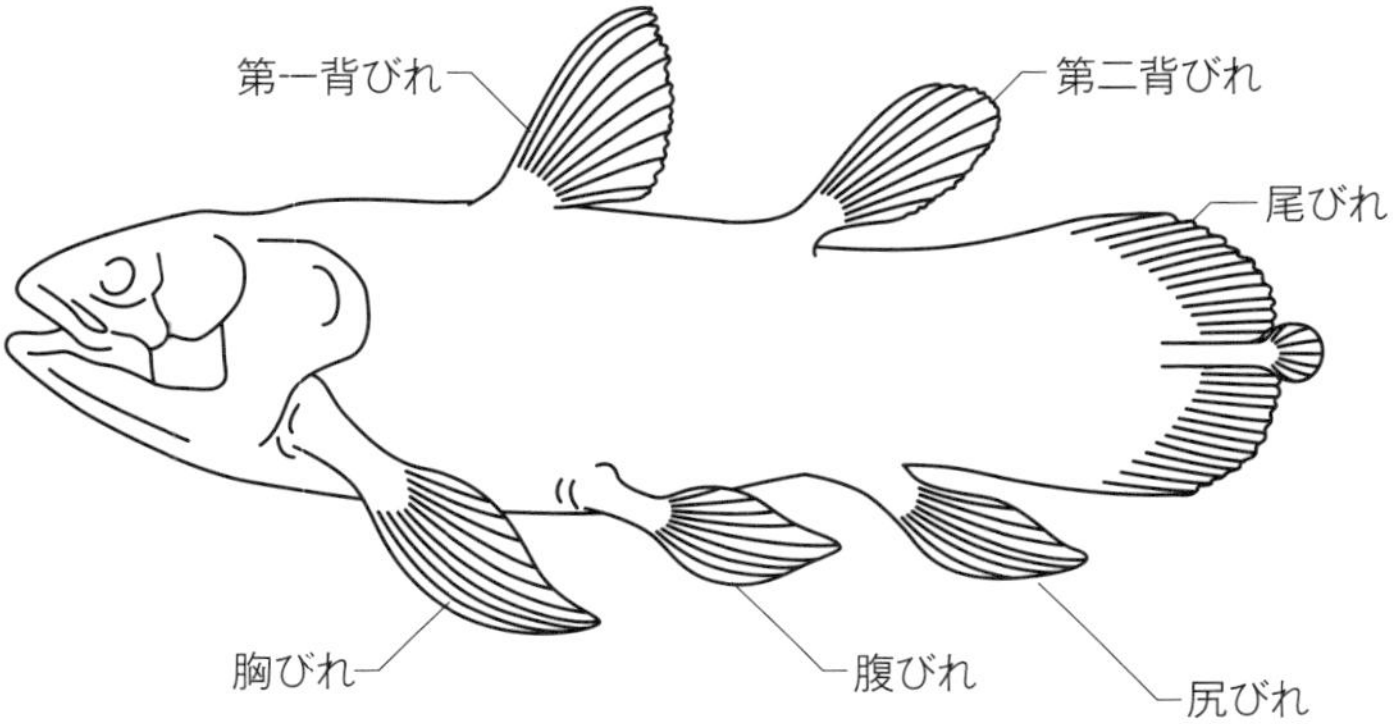

図6　シーラカンスのひれの位置とその名称

の1本のひれの計6本は、通常の魚のひれと異なって太い根元を持ったひれ（肉鰭《にくき》：lobed fin）である。興味深いことに、この太い根元の部分には普通の魚にはみられない骨がいくつかある。たとえば胸びれの根元には、軟骨からできた4個の骨といくつかの小さな骨があるのがCTスキャンで明らかになった。後で詳しく述べるように、これらの太い根元を持った6本のひれのなかで、我々の四肢の起源ではないかと考えられているものは、胸部と腹部に2本ずつ対になってある4本のひれである。水中カメラによる観察によるとシーラカンスはこれらのひれを櫂《かい》のように動かして泳ぐという[2]。これら6本の根元が太いひれのほかに、シーラカンスには背部前方に1本、腹部後方に1本、そして尾びれがある。尾部にあるひれはさらに三つに分類されることもある。特に中央の尾びれは化石では明らかに突出しているシーラカンスもあるし、またほとんどみられないシーラカンスもある。現存のシーラカンスは小さいながらこの中央の尾びれがはっきりと存在している。

シーラカンスは卵胎生で生まれることも明らかになった。すなわち、雌は直径10センチメートルほどの大きな卵を数十個持ち、受精後、胎内で体長30センチメートルほどの稚魚になるまで育ち、その後胎外へ生み出される。このように巨大な卵やそれから稚魚が胎内で生まれることなどから、ほかの魚と違ってシーラカンスの発生のメカニズムは、胎盤で胎児が生まれ育つ哺乳類型の発生に進化する前の、原型であるとも考えられよう。この稚魚は成魚になると体長は１８０センチメートルにも達し、平均約60年間生きると考えられているから、魚としてはかなり長寿である。

シーラカンスは現在まで、この両種類、合わせて数百匹が主として漁によってほかの魚に混じって捕獲されているが、食用には適さない。シーラカンスの肉は悪臭のある油が滲みこんでいてとても食べられたものでないという。現に、東アフリカ沿岸ではシーラカンスは昔から時々漁師が釣りあげていたがほとんど捨てられていた。

シーラカンスは最近の底引き漁法の技術的進歩（による混獲の増大）や環境の悪化によってその生存が脅かされている。現在世界中で約１０００匹のみがアフリカ、コモロ諸島近辺およびインドネシア沖に生存しているとされているが、絶滅が懸念されていることをここに付け加えたい。特にＤＮＡ解析の結果、生物種の存続と関係する遺伝的多様性（３章末のコラム参照）がコモロ諸島近辺のシーラカンスにおいて急速に失われつつあるという報告もあり、その絶滅の可能性については、まったく予断は許されないし、憂慮される。国際自然保護連合（ＩＵＣＮ）は東アフリカ沿岸のシーラカンスを絶滅に瀕している生物種、インドネシアのシーラカンスを絶滅が懸念されている生物種に指定して、その保護を訴えている。

シーラカンスはさまざまな謎を秘めた魚である。もともとその特異な体型から魚というよりは我々四肢動物に近い生物ではないかとされてきたが、その進化の道筋や、なぜ現在まで生き残ることができたのかなどについてもいまだ多くの謎が残っている。その最大の謎はシーラカンスが我々陸に住み、四肢を持った動物の祖先ではないかという点である。後で詳しく述べるように、約46億年前の地球の誕生後、地球は長いあいだ、海に覆われていた。したがって、当然のことながら当時地球には海に棲む生物しか存在しなかった。地球に地殻変動が起こり、今から約5億年前に陸地が現れ、多くの海に棲む生物がこの新天地に上陸しようと試みた。運良く陸地で生活できるようになった生物が原始的な両生類に進化を遂げ、それがさらに長いあいだ進化し続けて、我々ヒトなど現在陸上に棲む多くの動物ができあがったのであろう。

四肢の出現の動物の進化における重要性は、言うまでもない。しかし、考えてみると、今まで海に棲んでいた生物が陸地で生活できるようになるのはそう簡単なことではない。まず、同じ呼吸でも水中でなく空気から酸素を取らなくてはならない。そのためには海中で酸素を取るために必要なえらに代わる器官、肺が必要である。さらに陸地で生活するために、動き回るための四肢のような器官がどうしても必要である。その点、シーラカンスの腹部にある2対、合計4本の太い根元を持ったひれが我々哺乳動物の四肢の原型だとすると、シーラカンスこそ我々の祖先とも言えるのではないか、多くの人がそう考えたのも無理はない。しかも、化石の記録からシーラカンスが地球上に存在し始めた時期（デヴォン紀）は陸地に動物が上陸したと思われる時期とほぼ一致する。多くの人は、シーラカンスが生ける化石であるのみならず、我々の祖先かもしれないとして、ロマンをかき立てられたのである。

さてここに、地味で見落とされがちなもう一つの魚を挙げたい。それは肺魚（ハイギョ：lung fish）である。現存の肺魚はわずか数種類で、オーストラリア、アフリカ、南アメリカの淡水に棲み、その名のとおり呼吸はえらでなく肺で行う。時折、水面まで上昇し空気から直接酸素を取る。化石の記録をみると、肺魚はシーラカンスと同じくらいかそれより古い時代から地球上に存在していた。また、化石で見つかった肺魚の種類から、太古の肺魚は現在よりはるかに多くの種が存在していたと思われる。さらに強調したいのは当時の肺魚にも、根元の太いひれがあったことである。現在の肺魚にもこのようなひれはあるが退化して大分細くなっている。しかし、最近の現存の肺魚の観察によると、肺魚はこれらのひれを我々の四肢のように水底で体を持ち上げるために使っているという。この挙動はデヴォン紀において浅い海でシーラカンスがとっていたとされる挙動と同じである。肺魚はもちろん生ける化石の一つである。

２０１３年にシーラカンスのゲノム（genome）ＤＮＡ（deoxyribonucleic acid：デオキシリボ核酸）がアメリカを中心とするグループと日本を中心とするタンザニアやインドネシアとの共同グループによって解読された。これにより今までのシーラカンスにまつわる多くの謎が、遺伝子のレヴェルで、完全とは言えないまでも解明された。その結果は3章で詳しく述べる。

生ける化石はシーラカンスだけか

太古の昔に生きていて化石として残っていながら、現在も少なくともその外形は変わらず、地球上に生存している生物はいくらでもいる。これらはシーラカンスや肺魚と同様に生ける化石と呼ばれることもある。生ける化石というとあまりにもシーラカンスが有名だが、実際はほかにもたくさんの生ける化石がある。たとえば現在もっとも古い化石とされ、シーラカンスとは桁違いに古い、およそ35億年前にすでに地球上に棲息していた単細胞のシアノバクテリア（cyanobacteria：藍藻の一種）は現在でも地球上の海や湖沼に数多く存在している。ほかにも動物ではワニ（約2億３０００万年前から存在）、アリ（約1億年前）、ゴキブリ（約3億５０００万年前）、セミ（約2億４０００万年前）、トンボ（約2億３０００万年前）、カブトガニ（約3億年前）、イモリ（約1億5000万年前）、オウムガイ（約3億年前）などなど。現在のこれらの生物の形態を化石での形態と比べると、当時から現在まで変化したとはどう見ても思えない。植物でも生ける化石は結構多く知られている。もっとも有名なのは1939年に中国四川省（湖北省）で現生しているのが見つかったメタセコイアである。我が国でおなじみのイチョウも生ける化石と呼ばれることもある。図7に約1億年前の地層から見つかったセミ（a）、キリギリス（b）、トンボ（c）、アメンボ（d）、クモ（e）、コオロギ（f）、イトトンボ（g），サソリ（h）の化石を示そう。その形態から現存しているこれらの生物と見分けがつくだろうか。これら生ける化石と言われる生物が、1億年前以上もの前にすでに地球上に存在していたのだ。

この事実は何を示唆しているのだろうか。それはこれらの生物がすでに当時の地球上の環境（の変化）に適応して、少なくとも形態上、それ以上進化する必要がなかったことを意味している。言葉を変えると、その後の地球上の環境の変化によっても、その形態を変えるほど、彼らの生存は脅かされたことはなかったということでもある。また、カモノハシのように地理的に隔離されて、その生存を脅かす敵がいなかったと想定されるために、あえて進化する必要がなかったと考えられる場合もある。これらの生ける化石と呼ばれる生物は、もちろん恐竜など地球上の75%もの生物が死滅した約6600万年前の白亜紀末の生物大絶滅の危機をも見事に乗り越えてきたのだ。シーラカンスについて言えば、過去、数十種類いたシーラカンスがわずか2種類（白亜

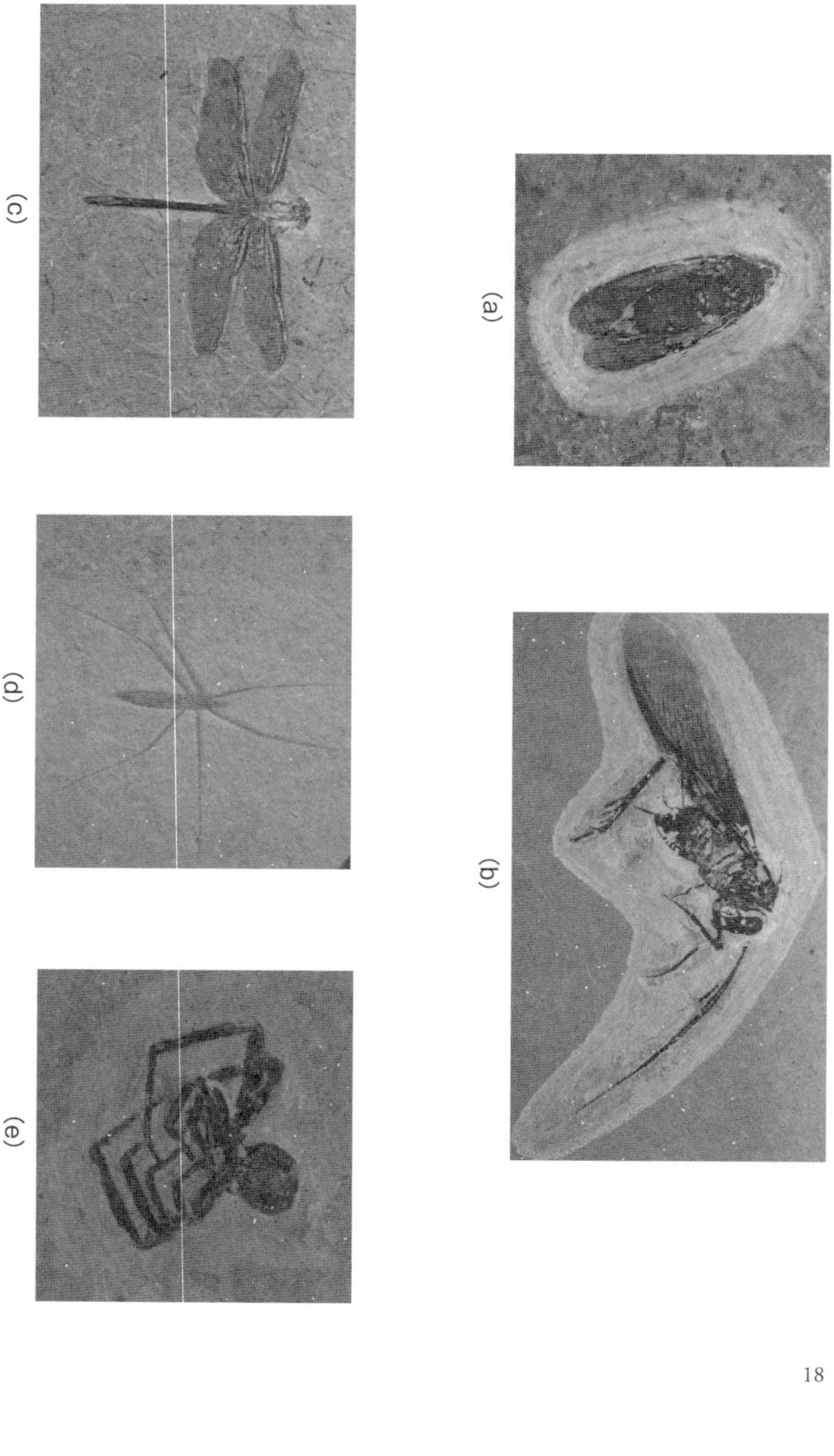
(a)
(b)
(c)
(d)
(e)

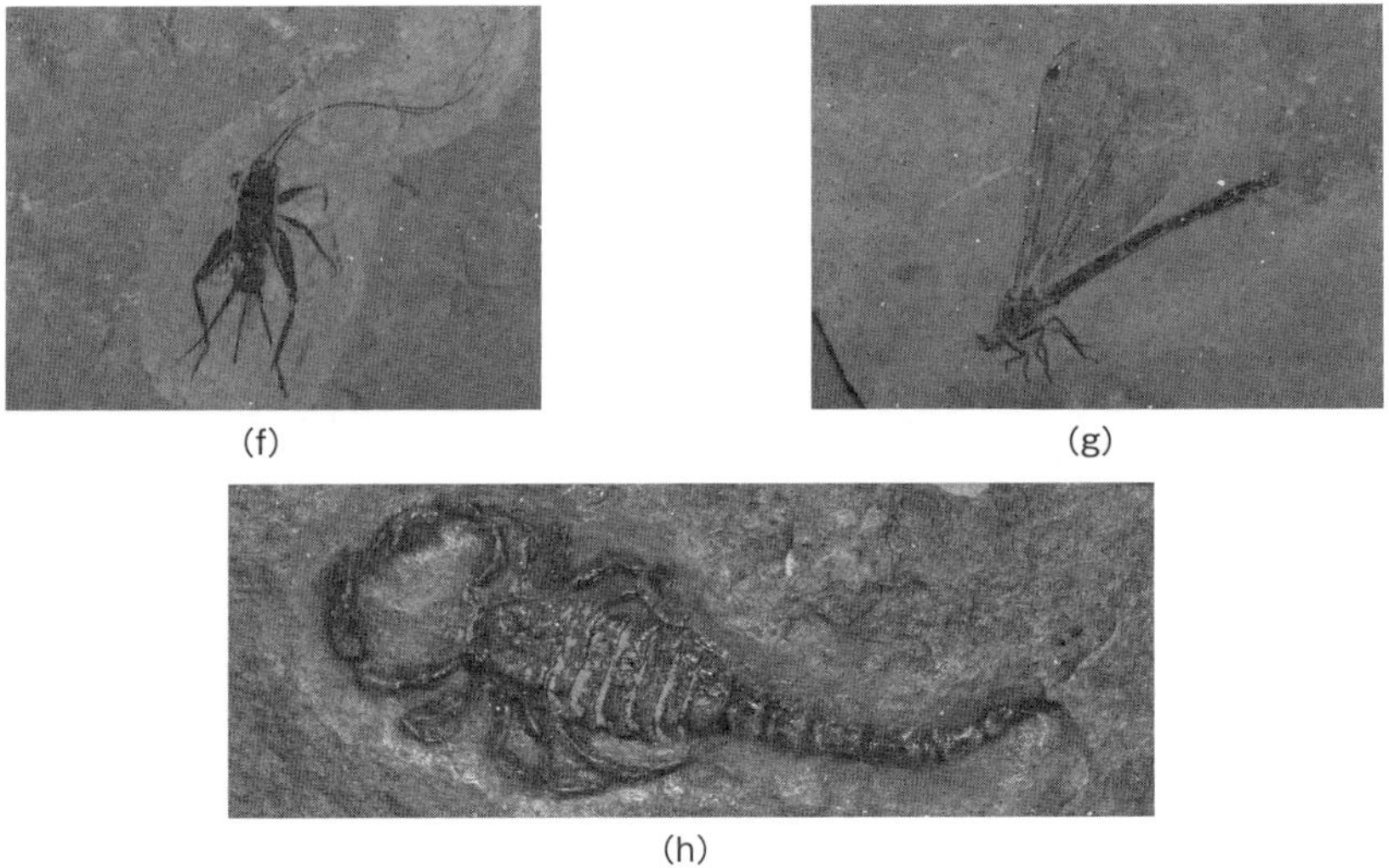

図７ 「生ける化石」の化石

(a) セミ〔産地：ブラジル，アラリペ地方．時代：白亜紀〕，(b) キリギリス〔産地：ブラジル，アラリペ地方．時代：白亜紀〕，(c) トンボ〔産地：ブラジル，アラリペ地方．時代：白亜紀〕，(d) アメンボ〔産地：ドイツ，ゾルンホーフェン地方．時代：ジュラ紀〕，(e) クモ〔産地：ブラジル，アラリペ地方．時代：白亜紀〕，(f) コオロギ〔産地：ブラジル，アラリペ地方．時代：白亜紀〕，(g) イトトンボ〔産地：ブラジル，アラリペ地方．時代：白亜紀〕，(h) サソリ〔産地：ブラジル，アラリペ地方．時代：白亜紀〕

［大石コレクション］

紀末直後にはおそらく1種類）にまで減ってしまったが、確かに生き延びた。この生き残ったシーラカンスはその棲んでいた環境がたまたま運良く生物大絶滅の影響を受けなかったのか、またはこの種だけ大絶滅の危機を乗り越えられる何か特別な遺伝的な性質を持っていたのか、その両方なのか、この謎はそう簡単には解けそうにない。

シーラカンスを含めたこのような生ける化石の存在は、我々生物の歴史の多くの謎を解くためのヒントを与えてくれる。まず、これらの生物の現在の生態、生活様式から太古のこれらの生物の生きざまが推定できる。化石で見出された生物の形態からは、その生物の形については多くの情報が得られるが、当時その生物が実際どのような生活をしていたかについては、あくまで推測の域を出ない。それからこれはきわめて大事なことだが、生ける化石に相当する現存の生物からDNAを取り出し、そのDNAを解析することにより何億年も前に存在していた生物についての詳細な情報、特にその遺伝子の働きについての情報が手に入ることである。そんな面倒なことをしないで、化石からDNAを取り出してそれを調べればよいと思うかもしれないが、後で述べるように、化石に残った生物の遺骸にはその生物のDNAはもう存在しない。

ここで注意しなくてはならないことは、化石での形態が現存の生物と酷似していても、本当にすべての生ける化石と言われる現存の生物が太古に存在した生物とまったく同じであるという保証はないことである。たとえばシーラカンスは、化石の記録から、太古の時代は浅い海か淡水に棲息していたことは間違いないとされてきたが、現存のシーラカンスは東アフリカ沿岸沖、インドネシア沖で見つかった両種とも海面下百数十メートルから数百メートルの深い海の中で棲息しているのである。そうすると、現存するシーラカンスは化石で見つかった多くのシーラカンスと違って太古からたまたま深い海に棲んでいた種かもしれないし、白亜紀末以後になんらかの理由でより深い海に棲むように進化を遂げたのかもしれない。このように、生ける化石は化石で見つかった当時の生物について多くの情報をもたらしてくれるが、現在の生物が当時の生物と必ずしもまったく同じであるとは限らない。

さて余談だが、外国、特にアメリカには、今でも生物の進化を信じないで、すべての生物は紀元前約４０００年前に神が創ったとする人たちが多くいる。彼らはそのことが記されている旧約聖書にもとづいて、神が万物を創造した、すなわち天地創造論を固く信じている。驚くかもしれないが、アメリカでは生物の進化を信じる人とほぼ同数の人が神による万物の創造を信じているのだ。興味深いことに、生物の進化を信じる人たちは化石の記録をもとにそれを信じるが、進化を信じない彼らもまた化石の記録をもとに生物の進化に反論する。その論拠の一つになっているのが、生ける化石が存在することである。彼らは、生ける化石の多くは現存の生物と見分けがつかない、全然進化していないではないかと言う。だから生物の進化はあり得ない、進化論は間違っており、万物は神が作ったのであると主張する。このため、アメリカには天地創造説を広めるために、生ける化石ばかり集めたネット上の化石博物館すらある。さらに3章で述べる移行動物、すなわちほかの生物種へ進化上移行途上の生物、の化石が最近までほとんど見つかっていなかったことも、進化論を信じない、神がすべての生き物を創りあげたという天地創造論を支持する理由になっている。

化石からDNAが取り出せたら

ちなみに化石から直接DNAを取り出せないものだろうか。もともと化石は生物の残骸だし当然その生物が死んだときはそこにDNAがあったはずだ。もしDNAを化石から取り出すことが可能なら、当時の生物の遺伝情報が直接手に入り、進化に関する多くの謎があっという間に解明されるはずである。たとえば、一億年以上前のシーラカンスの化石は世界中からたくさん発掘されているから、それからDNAが取り出せれば、そのDNAが現存するシーラカンスのゲノムDNAと比べて、どの程度似ているものか、また地球上に現れて以来、どのように変わって来たのか、いまだ残っている多くの謎が氷解するはずである。ほかにも、太古の生物について多くの謎が残っている。恐竜に関するさまざまな謎、たとえば温血動物であったのか冷血動物であったのか、ということすら最終的な決着はついていない。また、多くの生物の当時の復元図がいかにも本当らしく描かれている場合が多いが、その大きさや形態はほぼ正しいとしても、皮膚の色や模様などは一部の生物を除いてまったくの想像の産物である。しかし、もし化石の中にその生物のＤＮＡ（遺伝子）が残っていたのなら、それを調べると、恐竜が冷血か温血かはもちろん、その体色など、多くの化石としてのみ残っている生物が実際どのような生物であり、どのような生活をしていたのか、かなり正確に推定できるはずである。シーラカンスのように類似した生物が現在生存していれば、その生物の生態や遺伝子の解析から、有力な情報が得られるが、恐竜のように絶滅した生物に関する情報を得るのはそう簡単なことではない。

20世紀後半にごく少量のＤＮＡからＤＮＡを増やす技術（ＰＣＲ法）が開発された[4]。この技術を使うと、サンプルにほんの微量、極端に言えばＤＮＡが一分子でも残っていれば、理論上はそれを解析可能な量までいくらでも増やすことができる。現在、犯罪捜査できわめて有用とされるＤＮＡ鑑定はこの手法を利用している。

さて当然ながら、ＰＣＲ法を用いて化石から古代生物のＤＮＡを解析可能な量まで増やし、解析しようとする試みが20世紀後半になされた。そのなかには、１億年以上の古い化石からＤＮＡを取り出すことに成功したという論文すらある。しかしその後の検証で、検出されたとされたＤＮＡはすべて古代生物のＤＮＡとは似ても似つかない、たまたまサンプルに混ざり込んでいたバクテリアなど現在の微生物のＤＮＡだったことが明らかになった。今では、化石からはＤＮＡを取り出すことができないというのが結論になっている。

なぜ化石からＤＮＡを取り出すことができないのか。理由は以前からすでにＤＮＡの専門家から指摘されていたことであるが、ＤＮＡは比較的に安定な物質であるが、時を経ると徐々に分解されてしまうからである。一般的に、10万〜30万年前までのサンプルからなら、なんとか解析可能なＤＮＡを取り出せるが、その１０００倍も古い何億年も前の化石のＤＮＡは完全に分解しており、したがって解析はまったく不可能である。スピルバーグ監督の作った映画ジュラシック・パークでは、琥珀《こはく》の中に残っていた1億年以上前の微量の恐竜のＤＮＡをＰＣＲ法で増やし、生きた恐竜を現代に再現させるというストーリーで、一見もっともらしい。しかし、映画ではともかく、ＤＮＡの安定性を考えると到底不可能な話である。また、ある生物のゲノムＤＮＡの構造がわかったとしても、それをもとに、ウイルスやバクテリアならいざ知らず、高等動物を作り上げることは、遠い将来のことなら別だが、現在では不可能なことだ。

いっぽう、ＤＮＡは10万〜30万年前までの比較的新しい生物の遺骸などからはその保存状態さえ良ければＤＮＡを増やし、解析することができる(5)。シベリアの凍土で見つかった約一万年前まで生存していたマンモスの遺骸や数千年前のエジプトのミイラなどからは間違いなくゲノムＤＮＡを取り出せるし、したがってその塩基の並び方を解読することができる。その好例として、約3万年前までヨーロッパ、中近東に生存していたネアンデルタール人の遺骸からＤＮＡを取り出し、それを解析した結果、我々ヒトの祖先について今までの通説をひっくり返す重要な情報が得られた。このことは5章で述べるが、読者にとっても記憶に新しいのではないだろうか。

第2章　生命の誕生

DNAからみた生命活動と進化

シーラカンスやほかの生ける化石に関する謎は地球上の長い生命の歴史からみると、そのほんの一つのエピソードに過ぎない。我々ヒトを含む生物の長い進化の歴史にはいまだ解けていない多くの謎がある。しかし、ここ20～30年来のDNAの研究の急速な進歩の結果、多くの新しい知見が見出され、いくつかの謎に解答が与えられたのも事実である。本章と続く3章では、それらの新しい知見、発見を織り込みながらもう一度約4億年前のシーラカンスの出現に至るまでの生命の歴史を振り返ってみたい。

まず、最近の生物のゲノムDNAの研究から生物の進化のプロセスを概観してみよう。周知のように生物のゲノムＤＮＡには、生命の実際の活動を行う、すなわち生命の実働部隊であるタンパク質（protein）を作る設計図である遺伝子（gene）などその生物のすべての遺伝情報が蓄えられている。実際、タンパク質の多種多様な働きこそが、その生物の生物たるゆえん、性質、特徴を決めている。ＤＮＡは2本のひもがより合わさったような構造（二重らせん構造：double helix structure）を持つ、きわめて巨大な化学物質であり、遺伝情報はＤＮＡに並んでいるわずか4種（アデニン：adenine・チミン：thymine・グアニン：guanine・シトシン：cytosine おのおのＡ、Ｔ、Ｇ、Ｃと略す）の比較的簡単な分子（塩基：base）の並び方によって決まっている。すなわち、すべての生物の遺伝情報はＤＮＡ分子に直線状に貯えられているのである。いっぽうゲノムとはＤＮＡの生物学的意味からみた総称で、ある生物のゲノムが大きいと言えばその生物のＤＮＡのサイズが大きい（塩基の数が多い）ことを意味している。一般的に、ゲノムサイズが大きいとＤＮＡの持っている遺伝的情報も多くなる。

進化の頂点に立っているヒトのゲノムは、化石の記録からもっとも古い生物と考えられ、かつ現存している単細胞生物のシアノバクテリアのゲノムの約１０００倍以上も大きい。シアノバクテリアのＤＮＡの塩基（Ａ、Ｔ、Ｇ、Ｃ）の数は種類によって異なるが、今まで解読された十数種の平均が約５００万であるのに対して、ヒトのＤＮＡの塩基の数は約31億である。ヒトは35億年のあいだに、進化に伴い、ゲノムの大きさを数百倍増やしてきたのだ。またゲノムに存在する遺伝子の数もシアノバクテリアの約3000に対してヒトは約2万1000である。ヒトの遺伝子の数がシアノバクテリアのようなバクテリアに比べて多いのはもちろん、筋肉など動物特有な機能に関する遺伝子や体内に入った異物を排除する免疫系や脳の働きなどを司る脳神経系など、より複雑な生命活動に関係する遺伝子があるからである。実際さまざまな生物の持っているゲノムDNAの大きさや遺伝子の数とその生物の機能の複雑さを比べると、両者のあいだに明らかな相関関係がみられる。すなわち、いわゆる高等な生物ほどゲノムDNAが大きく、同時にそこに存在する遺伝子の数も多い（章末のコラム参照）。したがってDNAからみると、進化のプロセスとは実はゲノムDNAが大きくなり、より高度な生命活動に必要な機能を行うように、そこに存在する遺伝子の数が増え、さらにおのおのの遺伝子の機能が環境の変化に適応できるように複雑化、洗練化されてきたプロセスであると結論してよい。表1に主な生物のゲノムDNAの大きさと遺伝子の数を示す。

遺伝子はゲノムDNAの中に数百から数千の4種の塩基が並んでいる領域として存在しているが、タンパク質のアミノ酸の並び方、すなわち、その構造と大きさは並んでいる3個ずつの塩基の並び方とその数で決まる。タンパク質は、20種類のアミノ酸が通常数十から数百並んでおり、DNAほど大きくはないが高分子物質の一つである。一つ一つのタンパク質には名前がついている。たとえば、食べたデンプンを消化する役割を持っているタンパク質はアミラーゼ（amy-

表１　主な生物のゲノムサイズ

	生物種	ゲノム中の塩基(ATGC)数	ゲノム中の遺伝子数
ウイルス	B 型肝炎ウイルス	3,200	4
バクテリア	ピロリ菌	167 万	1,590
	コレラ菌	303 万	3,890
	シアノバクテリア（シネコシスティス）	357 万	3,168
	結核菌	441 万	3,918
	サルモネラ菌	479 万	4,646
	大腸菌	464 万	5,533
微生物	酵　母	1,200 万	6,286
線　虫	*C.* エレガンス	1 億	~20,000
昆　虫	ハエ（ショウジョウバエ）	1.4 億	~14,000
	カ（ハマダラカ）	2.9 億	~14,000
脊索動物	ホヤ（ユウレイボヤ）	1.5 億	~16,000
脊椎動物	フグ（トラフグ）	3.9 億	~20,000
	メダカ	8.7 億	~20,000
	ニワトリ	10 億	~16,000
	マウス	28 億	~22,000
	イ　ヌ	24 億	~20,000
	ウ　シ	27 億	~20,000
	チンパンジー	32 億	~19,000
	ヒ　ト	31 億	~21,000
	イモリ	~300 億	—
	サンショウウオ	~900 億	—
植　物	シロイヌナズナ	1.25 億	~25,500
	イ　ネ	3.8 億	~36,000
	トウモロコシ	20 億	~40,000
	コムギ	~130 億	~100,000
	ユ　リ	~1,000 億	—

註：バクテリアを除きゲノム中の塩基数および遺伝子数は概数.

```
ATATAAATAGTTTCTGGAAAGGACACTGACAACTTCAAAGCAAAATGAAGCTCTTTTGGTTGCTTTTCACCATTGGGTTCTGCTGGGCTC
                                              M  K  L  F  W  L  L  F  T  I  G  F  C  W  A  Q
AGTATTCCTCAAATACACAACAAGGACGAACATCTATTGTTCATCTGTTTGAATGGCGATGGGTTGATATTGCTCTTGAATGTGAGCGAT
 Y  S  S  N  T  Q  Q  G  R  T  S  I  V  H  L  F  E  W  R  W  V  D  I  A  L  E  C  E  R  Y
ATTTAGCTCCCAAGGGATTTGGAGGGGTTCAGGTCTCTCCACCAAATGAAAATGTTGCCATTCACAACCCTTTCAGACCTTGGTGGGAAA
 L  A  P  K  G  F  G  G  V  Q  V  S  P  P  N  E  N  V  A  I  H  N  P  F  R  P  W  W  E  R
GATACCAACCAGTTAGCTATAAATTATGCACAAGATCTGGAAATGAAGATGAATTTAGAAACATGGTGACTAGATGCAACAATGTTGGGG
 Y  Q  P  V  S  Y  K  L  C  T  R  S  G  N  E  D  E  F  R  N  M  V  T  R  C  N  N  V  G  V
TTCGTATTTATGTGGATGCTGTAATTAATCATATGTGTGGTAATGCTGTGAGTGCAGGAACAAGCAGTACCTGTGGAAGTTACTTCAACC
 R  I  Y  V  D  A  V  I  N  H  M  C  G  N  A  V  S  A  G  T  S  S  T  C  G  S  Y  F  N  P
CTGGAAGTAGGGACTTTCCAGCAGTCCCATATTCTGGATGGGATTTTAATGATGGTAAATGTAAAACTGGAAGTGGAGATATCGAGAACT
 G  S  R  D  F  P  A  V  P  Y  S  G  W  D  F  N  D  G  K  C  K  T  G  S  G  D  I  E  N  Y
ATAATGATGCTACTCAGGTCAGAGATTGTCGTCTGTCTGGTCTTCTCGATCTTGCACTGGGGAAGGATTATGTGCGTTCTAAGATTGCCG
 N  D  A  T  Q  V  R  D  C  R  L  S  G  L  L  D  L  A  L  G  K  D  Y  V  R  S  K  I  A  E
AATATATGAACCATCTCATTGACATTGGTGTTGCAGGGTTCAGAATTGATGCTTCCAAGCACATGTGGCCTGGAGACATAAAGGCAATTT
 Y  M  N  H  L  I  D  I  G  V  A  G  F  R  I  D  A  S  K  H  M  W  P  G  D  I  K  A  I  L
TGGACAAACTGCATAATCTAAACAGTAACTGGTTCCCGGAAGGTAGTAAACCTTTCATTTACCAGGAGGTAATTGATCTGGGTGGTGAGC
 D  K  L  H  N  L  N  S  N  W  F  P  E  G  S  K  P  F  I  Y  Q  E  V  I  D  L  G  G  E  P
CAATTAAAAGCAGTGACTACTTTGGTAATGGCCGGGTGACAGAATTCAAGTATGGTGCAAAACTCGGCACAGTTATTCGCAAGTGGAATG
 I  K  S  S  D  Y  F  G  N  G  R  V  T  E  F  K  Y  G  A  K  L  G  T  V  I  R  K  W  N  G
GAGAGAAGATGTCTTACTTAAAGAACTGGGGAGAAGGTTGGGGTTTCATGCCTTCTGACAGAGCGCTTGTCTTTGTGGATAACCATGACA
 E  K  M  S  Y  L  K  N  W  G  E  G  W  G  F  M  P  S  D  R  A  L  V  F  V  D  N  H  D  N
ATCAACGAGGACATGGCGCTGGAGGAGCCTCTATACTTACCTTCTGGGATGCTAGGCTGTACAAAATGGCAGTTGGATTTATGCTTGCTC
 Q  R  G  H  G  A  G  G  A  S  I  L  T  F  W  D  A  R  L  Y  K  M  A  V  G  F  M  L  A  H
ATCCTTATGGATTTACACGAGTAATGTCAAGCTACCGTTGGCCAAGATATTTTGAAAATGGAAAAGATGTTAATGATTGGGTTGGGCCAC
 P  Y  G  F  T  R  V  M  S  S  Y  R  W  P  R  Y  F  E  N  G  K  D  V  N  D  W  V  G  P  P
CAAATGATAATGGAGTAACTAAAGAAGTTACTATTAATCCGGACACTACTTGTGGCAATGACTGGGTCTGTGAACATCGATGGCGCCAAA
 N  D  N  G  V  T  K  E  V  T  I  N  P  D  T  T  C  G  N  D  W  V  C  E  H  R  W  R  Q  I
TAAGGAACATGGTTAATTTCCGCAATGTAGTGGATGGCCAGCCTTTTACAAACTGGTATGATAATGGGAGCAACCAAGTGGCTTTTGGGA
 R  N  M  V  N  F  R  N  V  V  D  G  Q  P  F  T  N  W  Y  D  N  G  S  N  Q  V  A  F  G  R
GAGGAAACAGAGGATTCATTGTTTTCAACAATGATGACTGGACATTTTCTTTAACTTTGCAAACTGGTCTTCCTGCTGGCACATACTGTG
 G  N  R  G  F  I  V  F  N  N  D  D  W  T  F  S  L  T  L  Q  T  G  L  P  A  G  T  Y  C  D
ATGTCATTTCTGGAGATAAAATTAATGGCAACTGCACAGGCATTAAAATCTACGTTTCTGATGATGGCAAAGCTCATTTTTCTATTAGTA
 V  I  S  G  D  K  I  N  G  N  C  T  G  I  K  I  Y  V  S  D  D  G  K  A  H  F  S  I  S  N
ACTCTGCTGAAGATCCATTTATTGCAATTCATGCTGAATCTAAATTGTAAAATTTAAAATTAAATGCAAATCCGCAAAGCATAAAAAAAA
 S  A  E  D  P  E  I  A  I  H  A  E  S  K  L  *

AAAAAAAAAAAAAAAAAAAA
```

図8　ヒト・アミラーゼ遺伝子の塩基配列と対応するアミノ酸
アミノ酸は略称で表示（表2参照）.

lase）と呼ばれ、その遺伝子はアミラーゼ遺伝子である。原則として、個々のタンパク質に対して固有の遺伝子があるから、ある生物が1万種のタンパク質を持つならそのゲノムDNA上には1万個の遺伝子があることになる。図8に、ある遺伝子（ヒト・アミラーゼ）の塩基（A、T、G、C）の並び方とそれからできるタンパク質のアミノ酸の並び方を示そう。

原初の生命体

地球は約46億年前に誕生した。それからほぼ数億年経って、おそらく約35億〜40億年前に、きわめて簡単な、多分たった一つの原始的な生命体が出現した。これが生命の起源である。それが、少なくとも数百万種類にも及ぶ我々も含めた現在の地球上に存在する生物へとその種類を増やし（多様化し）、またある生物はその形や生活様式を著しく複雑化して（進化して）きた。その生物のなかには太陽の光さえあれば自立して生きていける植物や、食べ物はほかの生物に依存するが免疫系や脳神経系といった複雑な機能を持った高等動物のような生物もおり、現在の地球は多種多様な生物で満ちあふれている。この生物の進化、多様化の過程は一見スムースにみえるが、化石の記録からみると多くの生物が、環境の変化に応じて、絶滅したり、その危機を乗り越えてきたりと、まさに波乱万丈の歴史であったことがよくわかる。ここで環境の変化と一口に言ったがそれには気候の変化はもちろん、地殻変動や火山の爆発などによる棲んでいる環境の変化、さらに重要なのはその生物の生存を脅かす別の生物の出現など多くの変化がある。後で詳しく述べるように、これらの環境の変化が劇的であればあるほど多くの生物が絶滅するが、これら環境の変化に対応できる生物や対応できるようにたまたまその生物のＤＮＡ（遺伝子）に変化が起こった生物が生きのびることになる。ＤＮＡ（遺伝子）の変化には、ＤＮＡを構成する塩基の変化によってより機能的なタンパク質ができる場合もあるし、新しい機能を持った遺伝子がゲノムＤＮＡに加わる場合もある。

ではこの30億年以上に及ぶ進化の道程のスタートラインに立つ、原始的な生命体（生命の起源）は一体どのようなものであったのだろうか。その謎はいまだまったく解明されていない。化

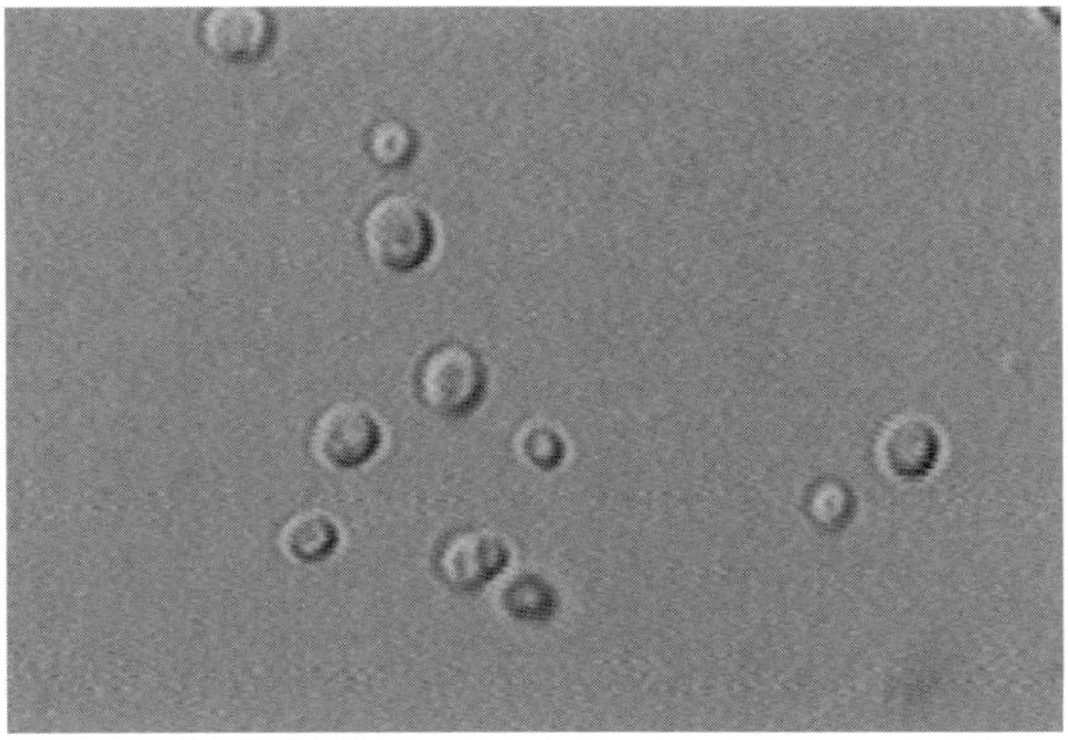

図９　シアノバクテリア（Cyanobacteria, *Synechocystis* PCC 6803）
［田畑哲之氏提供］

石として痕跡が残っているもっとも古い生物は、約35億年前の地層から見つかった、現在のバクテリアに似た一つの細胞よりなる（単細胞）生物で、植物のように二酸化炭素から太陽の光のエネルギーを用いて糖などを合成する（光合成をする）藻の一種、シアノバクテリアである(6)（図９）。特に地球誕生後の大気の主成分は二酸化炭素などであり、光合成を行うシアノバクテリアはその点でこのような環境下で生存できる条件を十分満たしている。このシアノバクテリアの子孫は現在でも世界中の海や湖沼で多くみられる。当時、大気中には酸素がきわめて少なかったので、現在地球上に跋扈《ばっこ》しているような多くの酸素を必要とする生物などは、とても生存できなかったことであろう。しかも、シアノバクテリアは細胞の周りが細胞壁のような構造で囲われているなど、すでに細胞として、相当程度完成されているようにみえる。しかし、35億年前の地層から見つかったシアノバクテリアが現在知られている最古の生物であるとしても、いくら単細胞とはいえ、このような生物が忽然と地球上に姿を現したとは考えられない。そのはるか前に将来、生命体に発達し得るような物質が、地球上のどこかに生じたと考えるのが妥当であろう。これが原始的な生命体（生命の起源）である。

当然のことながら、生命の起源を考えるときに当時の地球の環境がどのようなものであったのかをまず考えなくてはならない。当時、地球はすべて海に覆われていたことは多くの地球科学の研究から明らかになっている。したがって、生命の起源である原始的な生命体は海の中で生まれたことは間違いない。また、当時の地球には酸素がほとんどなかったから、無酸素状態で原始生命体が生み出されたと考えられる。当時の地球の温度については想像の域を出ないが、当然、地球誕生のときの超高温、その後たびたび起こったとされる小惑星との衝突時の高温状態からは、相当冷えた状態になっていた頃、原始生命体は生じたと推定してよいはずである。

生命の起源、三つの候補者

この生命の起源に相当する物質について、すでに20世紀の半ばからいくつかの説が提案されているが、そのうち有力と思われる物質は三つある。まずだれもが思うように遺伝物質ＤＮＡである。ＤＮＡは物質として比較的安定であることも生命の起源としてふさわしい。アメリカの科学者ユーレイ（H. C. Urey）とミラー（S. L. Miller）はアンモニア、メタン、水素、水のような比較的簡単な構造を持った化学物質をフラスコの中に入れ、自然界にみられる稲妻のような電気的な刺激や紫外線を照射すると、ＤＮＡの構成成分であるアデニンのような塩基物質が生じることを見出した。また、タンパク質の素材であるアミノ酸（amino acid）も同時にできることがわかった。すなわち、比較的容易にＤＮＡやタンパク質の素材である塩基やアミノ酸ができることがわかったのである。(7)

しかし、生命の起源としてＤＮＡを考えたときに問題になることがある。ＤＮＡは遺伝情報を伝えるもとになる物質だが、実際に情報を伝え、それが生物として機能するにはＤＮＡだけでは到底無理で、タンパク質のような実働部隊の助けが必要なのだ。ＤＮＡ自身がタンパク質のように生命体の活動に必要な多様かつ複雑な反応を行うことができればよいのだが、ＤＮＡの二重鎖の長いひも状の構造は硬直的で生命体の多様かつ複雑な反応にはまったく適していない。

それでは最初の生命としてタンパク質、または構造は同じだがより小さな分子のペプチド（peptide）を考えるのはどうであろうか。先に述べた実験でも、タンパク質の構成成分であるアミノ酸が原始的環境でできることがわかっているから、これらは有力な生命の起源の候補だ。タンパク質は、それを構成している20種類のアミノ酸が数十、数百もつながった高分子で、その多種多様な折りたたみ方（立体構造）から、さまざまな生命体の反応を行うことができる。しかし、その構造からみて、逆立ちしてもＤＮＡのような遺伝情報のもとになる生命の設計図にはなれるとは思われない。そもそもすべてのタンパク質はＤＮＡ（遺伝子）の情報をもとに作られる。タンパク質は生命体にとって、あくまでＤＮＡあっての存在なのである。またもっとも重要な点である、生命体の特徴の永続性、すなわち子孫に遺伝情報を継続的に残せるかどうかについては、タンパク質はその構造上まったく不向きである。この点、遺伝情報の伝達と同時に、自身の分子を増やす（複製する）ことができる構造（二重鎖）を持っているＤＮＡには生命の起源に関する候補としては到底かなわない。

こう考えるとＤＮＡとタンパク質ともおのおの単独で原始生命体になることはきわめて考えにくい。唯一残る可能性として、両者がたまたま同時に出現し、現在の生命活動のプロトタイプ的な活動をしていたことが考えられるが、その可能性は確率的にほとんどないであろう。

もしそうなら、ＤＮＡとタンパク質の両方の性質を持った物質がもしあれば、それが生命の起源であってもよいのではないか。実はこの両方の働きを行うことができる物質があるのである。この物質はＤＮＡの親戚とも言えるＲＮＡ（ribonucleic acid）で、細胞内に豊富に存在する。ＲＮＡはＤＮＡと非常に似た構造を持っており、その構成成分はＤＮＡとほとんど同じである。だから、先に述べた原始時代の仮想大気成分から生じたアデニンなどからＲＮＡができたと考えてもよい。ＲＮＡは細胞内でいくつかの重要な働きをしているが、そのなかにはＤＮＡからタンパク質を作るときにメッセンジャーの役割を果たすことも含まれる(8)。詳しいことは述べないが、ＲＮＡは基本的にはＤＮＡとほぼ同じ情報の伝達や複製をすることができる。その証拠にＤＮＡがなくＲＮＡだけで情報の伝達を行う生命体もこの世には結構いるのだ。たとえば風邪の原因であるインフルエンザウイルスの遺伝物質はＤＮＡでなくＲＮＡである。さてこのＲＮＡが意外にもタンパク質が行うような反応も行うことがわかったのだ。タンパク質の持つ多様な反応には及びもつかないが、ＲＮＡは単純な反応なら行うことができる(9)。このように、ＲＮＡは生命の起源として考えるにふさわしい性質、すなわち情報を伝える能力と同時にタンパク質のように生命体としてのさまざまな機能（分子反応）を行うことができること、その両者を持っているのだ。そのためか、現在ではＲＮＡが生命の起源であると信じる人が多くなってきている。このような生命の誕生当時の世界を、ＲＮＡがその主役である世界――ＲＮＡワールド――と呼ぶこともある。

しかし、問題はまだまだ残る。当時の環境と思われる条件下でできたのはＤＮＡ、タンパク質、ＲＮＡそのものではなくて、あくまでそれらの素材に過ぎない。その素材である塩基やアミノ酸からどのようにして、ある一定の並び方でつながりあった生命活動に必要な機能を持った高分子物質ができたのだろうか。そこにはさらなる謎が残っている。また、現在の地球上に存在する生命体の圧倒的多数の遺伝情報はＤＮＡが担っている。だから、たとえＲＮＡが生命の起源であったとしても、おそらくきわめて初期の段階で、遺伝情報の担い手としての役割をＤＮＡへとバトンタッチしたと思われる。どのようにしたのであろうか。謎は深まるばかりである。

生命の起源を論ずるときに悩ましいのは、数十億年前にこの地球上に実際に何が起こったのか、また原始生命が何であったのかを実験室で証明することが事実上、不可能なことである。またたとえ実際に実験室で生命の起源らしき物質を作り出したとしても、それが本当の生命の起源であると証明することは事実上無理な話と言える。しかし、生命の起源は何か、という壮大なロマンに惹かれてこの問題を研究する研究者は後を絶たない。

さて、生命の起源に関してまったく異なった考えもある。それによると地球上の最初の生命は、ほかの天体で作られたものが隕石などによって地球に運ばれてきたものだというのだ。隕石が地球の大気圏に突入するときの超高温下では、高温に耐えられるとされるバクテリアの胞子などでも生き残ることは難しい。また、ＤＮＡ、タンパク質、ＲＮＡなどの高分子物質も、分解したり、変性したりしてしまう可能性が高い。しかし、これら高分子物質の構成成分である低分子の物質がそのまま地球に到達した可能性は否定できない。実際、地球に落下した隕石からＤＮＡやＲＮＡやタンパク質の構成成分である塩基やアミノ酸が見つかっているという報告もあるし、その種類は実験室で作られたものよりはるかに多く、ほとんどすべての塩基やアミノ酸が隕石に存在していたという。しかし、生命の起源が地球でなくてほかの天体だとしても、生命の起源についての話は終わらない。ではほかの天体でどのようにしてこれらの物質ができたのか、事実はそうであっても、見方によっては話のすり替えで、肝心の謎はまったく解けていない。

我々の祖先はただ一人

現在唯一確かなことは、地球のどこかの海の中で、約46億年前の地球の誕生時からもっとも古い化石が見つかった約35億年前のあいだのほぼ10億年のあいだに、生命が誕生したことである。そしてはじめはきわめて簡単であったと考えられる生命の起源である原始生命体は徐々に生物としての基本的な構造や機能を備えていき、そのような中間的な原始生命体を経て、たった一つの細胞からできあがっているとはいえ、生物としての基本的性質を立派に備えたシアノバクテリアのような生物の出現に至るのである。しかし、まったくの想像の域を出ない生命の起源からシアノバクテリアなどの単細胞生物の出現に至るこの10億年のあいだ、どのような中間的な原始生命体が存在していたのかについては、その痕跡すら残っていないので、その実体に関する手がかりは何もない。

ここで、この仮想の中間的な原始生命体について一つ大事なことを論じたい。この原始生命体はただ一つ存在したのだろうか。すなわち、現在この地球上に存在するあらゆる生物の祖先はたった一つの原始生命体で、それからすべての生物が由来しているのだろうか。それとも複数の異なった原始生命体が存在して、そこから、いくつかの道筋をたどって、生物が進化して現在に至っているのだろうか。もし後者だとすると、地球上の多くの生物はその究極の祖先がいくつかの別の原始生物であり、はじめから異なった進化の道筋を歩んで、現在に至ったと考えられる。どちらの仮説が正しいかは、理論的にはすべての生物の過去の化石の記録を調べ、進化の道筋を逆にたどって行くことによって、この問題の回答を得ることができるかもしれないが、現実的にはほとんど不可能であろう。

さてこの問題の答えは前者、すなわち、現在の地球上に生存するすべての生物は、唯一の祖先から由来していると結論されている。その根拠のうちで、もっとも説得性があるのは、現存するすべての生物はすべて同じ遺伝暗号を使っていることであろう。タンパク質は20種のアミノ酸からできあがっているが、DNAの3個の塩基の並び方によって20種のうちどのアミノ酸が対応するのか、決まったルールがある。これが遺伝暗号（コドン：codon）である。表2に遺伝暗号の表を示す。遺伝暗号は生物言語と言ってもよいが、重要なことは地球上すべての生物でまったく同じ言語である点だ。だから、さまざまな生物のあいだで人工的に遺伝子の交換（組換え：recombination）ができ、たとえば動物由来の遺伝子から、バクテリア細胞の中で動物由来のタンパク質を作ることができる。大事なことは、おのおのの遺伝暗号がどのアミノ酸に対応するか

表２　生物の暗号表

塩基の並び方（コドン）		アミノ酸	略　称
GCU GCA	GCC GCG	アラニン	A
CGU CGA AGA	CGC CGG AGG	アルギニン	R
AAU	AAC	アスパラギン	N
GAU	GAC	アスパラギン酸	D
UGU	UGC	システイン	C
CAA	CAG	グルタミン	Q
GAA	GAG	グルタミン酸	E
GGU GGA	GGC GGG	グリシン	G
CAU	CAC	ヒスチジン	H
AUU AUA	AUC	イソロイシン	I
UUA CUU CUA	UUG CUC CUG	ロイシン	L
AAA	AAG	リジン	K
AUG		メチオニン（開始）	M
UUU	UUC	フェニルアラニン	F
CCU CCA	CCC CCG	プロリン	P
UCU UCA AGU	UCC UCG AGC	セリン	S
ACU ACA	ACC ACG	スレオニン	T
UGG		トリプトファン	W
UAU	UAC	チロシン	Y
GUU GUA	GUC GUG	ヴァリン	V
UGA UAG	UAA	終　止	

註：コドンはDNAでなく，それを正確に反映しているRNA（タンパク質を作るときに使われる）の塩基３個の並び方で示される．本表のU（ウラシル）はDNAのT（チミン）と同義である．

についてては、そのあいだに必然的な関係がなく、まったく偶然に決まったと考えざるを得ないことである。すなわち、表2の遺伝暗号の表でＤＮＡ（遺伝子）のＧＧＡという塩基の並び方はグリシンというアミノ酸に対応している四つのコドンの一つであるが、これがＧＧＡであるべきという必然性はない。たとえばほかのアミノ酸アラニンのコドンの一つＧＣＧであってもよかったはずである。すなわち、この遺伝暗号がすべて偶然の産物で、しかも全生物を通じて同じであることは、現存するすべての生物は共通の一つの生物にその起源が由来していると結論づけるのに十分な証拠と言えよう(10)。19世紀に進化論を提唱したダーウィンは地球上のすべての生物はただ一つの生命体に由来すると予言している。

生物進化のゆりかご期——先カンブリア時代——に起こった出来事

化石の記録をみると、最古の生命であるシアノバクテリアが存在していた約35億年前から、約5億年前のカンブリアの爆発（Cambrian explosion）と呼ばれる地球上の生物の種類が爆発的に増えたカンブリア紀（Cambrian）までの、約30億年もの長いあいだの化石の数はきわめて少ない。30億年というと地球の誕生以来の歴史の3分の2もの長さである。しかも見つかった化石はシアノバクテリアのように顕微鏡の下でしか見えない微生物ばかりである。しかし、化石の記録だけからみるとまったく沈黙しているようにみえるこの時代こそ、シアノバクテリアのような単細胞のバクテリアからより高等な生物へ進化するきっかけを作った重要な時代である。この時代はカンブリア時代に先んじる先カンブリア時代（Precambrian）と呼ばれている。

まず先カンブリア時代に、単細胞のシアノバクテリアはその種類を増やしている。化石として記録に残っているものだけでも、少なくとも10種以上のシアノバクテリアの化石が先カンブリア時代の地層から見つかっている。しかし、この時代でシアノバクテリアからさらに高等な生物への進化のプロセスでもっとも重要な化石は、今から5億～10億年前の地層から見つかったアクリタータ（acritarch）と総称される一群の単細胞生物の化石であろう（図10）。アクリタークは単細胞であるが、その細胞はシアノバクテリアよりはるかに大きい。シアノバクテリアと同じく光合成を行っていたと思われるが、顕微鏡下で見るとアクリタークの細胞の中には、シアノバクテリアにはみられない遺伝物質（ＤＮＡ）が局在している核のような構造がみられる。またその形は真核生物（eukaryote）である現在の植物性プランクトンと酷似している。細胞内にＤＮＡが局在している核があるかどうかは生物の分類上、きわめて重要な点である。ＤＮＡはあるが細胞内に分散しているバクテリアなどの生物を原核生物（prokaryote）と呼び、核を持つ生物を真核生物と呼ぶ。高等動植物はもちろん真核生物である。さて、アクリタークが核を持っているとすると、すでに数億年前に単細胞ではあるが、現在の動植物の祖先である原始の真核生物が出現し

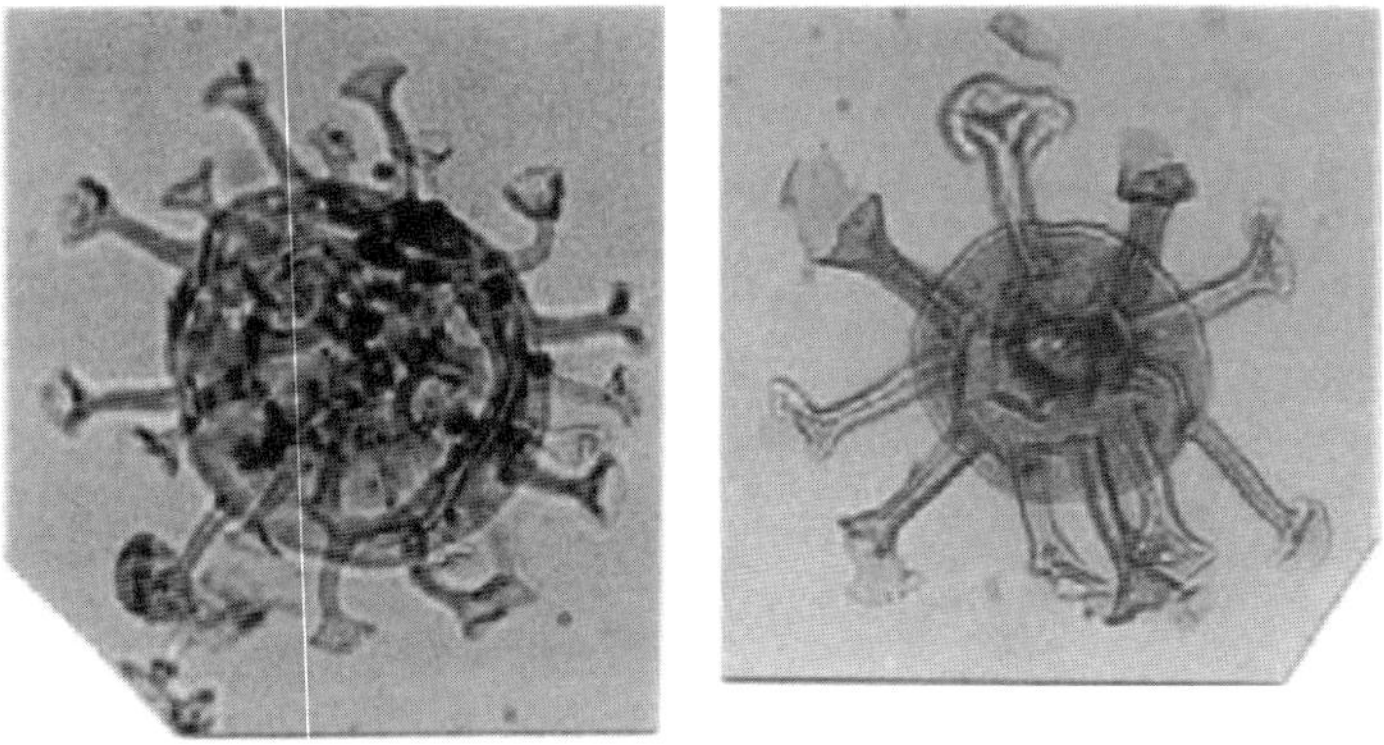

図 10　アクリターク（acritarch）の化石
[出典：Alfred Traverse, "Paleopalynology, Second Edition", p.195, Springer Netherlands (2007).]

ていたことになる。この重要な事実は後で述べるDNAの分子時計の研究からも確認された。

先カンブリア時代に化石として残っている生物はきわめて少ない。しかし、いくつかの興味深い化石が見つかっている。たとえばアメーバのような原生生物の原型と思われる化石は約9億5000万年前の地層から見つかっているし、アクリタークのような植物性プランクトンから、さらに進化した多くの細胞（多細胞）からなる海藻の化石が約8億5000万年前の地層で見つかったという報告もある。さらに約6億年前には長さ数センチメートルに及ぶ多細胞の動物と思われる生物が存在していた痕跡がある。この生物は硬い殻や骨を持っていないために、化石としては残っていないが、砂や泥にその生物の痕跡が鮮明に残っているのだ。特に有名なのはオーストラリアで見つかったスプリギーナ（*Spriggina*）

図 11　スプリギーナ（*Spriggina*）の生痕化石

[出典：“Spriggina Floundensi 4”. Licensed under CC BY 2.5 via Wikimedia Commons - http://commons.wikimedia.org/wiki/File: Spriggina_Floundensi_4.png]

と呼ばれる毛虫のような生物で、陸地近くの泥の中に棲んでいたらしい（図11）。

先カンブリア時代は生物の進化においていくつかのエポックメーキングなことが起こった時代でもある。まとめると（1）アクリタークのような単細胞なから核のような構造を持った生物が出現した、（2）多くの細胞が集合し、個体を形成し、機能が分化したスプリギーナのような多細胞生物が出現した。これらはその後の生物の進化にとってきわめて重要なステップであったことは言うまでもない。また、証拠は十分とは言えないが、性の分化もこの時代に起こった可能性が高い。まさにこの長い先カンブリア時代はすべての生物のゆりかご期であったのだ。

ではなぜ、太陽にエネルギー源を依存しない、高等動植物のプロトタイプと思われる多くの生物がこの時期に出現したのだろうか。その鍵は地球の環境の変化、特に大気の成分の変化にあると思われる。この時代、大気の組成が劇的に変わり始めたのだ。約35億年前の当時の大気は酸素がほとんどなく、大気の主な成分は二酸化炭素などであった。しかし、シアノバクテリアなどの活発な光合成作用によって、大気の成分が著しく変わったことは容易に想像できる。シアノバクテリアは光合成作用によって大気中の二酸化炭素を吸収、糖などの炭水化物として細胞内に蓄積し、同時に酸素を大気中に放出する。シアノバクテリアの繁茂はその後何億年も続いたことから、大気中の酸素の量がほとんどゼロの状態から飛躍的に増えたのである。酸素は分子としてきわめて反応性が高く、また生物のエネルギー源として理想的な物質である。このような環境下で先カンブリア時代にエネルギー源を太陽の光に直接頼らないいろいろな生物が出現したことは想像に難くない。生物の進化にはさまざまな原因があるが、これは環境の変化が決定的な役割を果たしたよい例であると言えよう。

また、この時代の大事件はなんと言っても今から約10億年前、一面海に覆われていた地球に陸地が出現したことである。この大陸はその後、現在に至る約25億年のあいだ、分裂と移動と合体を繰り返し、現在の地球のような6大陸と大小さまざまな多くの島になる。この陸地の存在という新しい環境は、生物の進化にとって、特に我々のような陸上に棲む動物の進化を考えるときにきわめて大きな意義があることは言うまでもない。

コラム：生物の進化とゲノムの大きさ

本文中、生物は進化するに伴ってゲノムDNAが大きくなり、遺伝子の数も増えていくと述べた。これは一般則としては正しいが、例外もある。ゲノムDNAがもっとも少ないものはほかの生物に寄生して生きているウイルスであり、その塩基の数はたとえばヘルペスウイルスはヒトのゲノムDNAの1万分の1以下、わずか15万である。これはヒトなどほかの生物の細胞に寄生して生きているため、自身の生存に必要な遺伝子が少なくて済むからである。独立して生きていけるもっとも簡単な生物のバクテリアになると塩基の数は数百万、たとえば結核菌のゲノムDNAの塩基数は約440万、大腸菌は約460万である。それより少し高等な真核生物でパンや酒を作るのに必要な酵母のゲノムDNAの塩基数は約1200万あり、ハエの一種（ショウジョウバエ）は約1億4000万である。また、植物研究のモデル植物であるシロイヌナズナは約1億2500万、イネは約3億8000万である。魚のフグは約3億9000万、メダカは約8億7000万、シーラカンスは約27億、ヒトやマウスのような哺乳動物は、約30億である。このように、塩基の数は、生物の種類によって異なるが、同じ種では同じである。しかし、例外的に非常に大きなゲノムＤＮＡを持っている生物もいる。動物では、イモリやサンショウウオはヒトの10倍以上の数百億の塩基を持っているとされている。植物界でも、トウモロコシは約20億、コムギは約１３０億であり、ユリは約１０００億塩基あると言われている。ただし、これら大きなゲノムＤＮＡはその大部分はある種の塩基の繰り返した構造（反復配列）からなっており（哺乳動物ではゲノムＤＮＡの半分近くが反復配列である）、これはタンパク質を作るために働いている遺伝子ではない。また植物の場合は反復配列に加えて、コムギなど、さらにすべてのゲノムＤＮＡがそっくり２倍化、４倍化して、結局膨大な大きさのゲノムＤＮＡになっている場合も多い。

ここで注意したいのは、例外はあるが確かに生物が進化するにつれ一般的にはそのゲノムＤＮＡは大きくなっていくが、それに正確に比例するほど遺伝子の数は増えていないことである。たとえばバクテリアのゲノムＤＮＡの塩基の数は数百万でありヒトのほぼ１０００分の１だが、遺伝子の数は大体３０００～５０００であり、ヒトの遺伝子数約２万１０００の数分の１に過ぎない。実際、ゲノムＤＮＡを解読してみると、バクテリアではヒトに比べて遺伝子がゲノムＤＮＡ上に密に並んでいるし、反復配列もほとんどないか、はるかに少ない。

第3章

生物の多様化とシーラカンスの出現

突然無数の生物が現れる――カンブリア紀の爆発――

いよいよ、生物の種類が爆発的に増えたカンブリア紀が幕を開ける。カンブリア紀は今から約5億4100万～4億8500万年前の約5600万年の時代を指すが、この時期の生物種の爆発的な増加はカンブリア紀の爆発として、古くから多くの古生物学者や化石愛好家の想像力をかき立てて来た。実際に、生物種の爆発的な増加があったのはカンブリア紀前半の約5億2000万年前からわずか数百万年のあいだのことであるが、今から5億年前頃には現在の主な分類学上の動物門はほとんど出そろったと言われている。このように爆発的に増えたこれらカンブリア紀の生物は、ほとんどが陸地近くの浅い海に棲息していた海生生物である。

まず、当時もっとも多く増えて、海を席巻したのは三葉虫（trilobite）である。三葉虫はカンブリア紀のはじめに地球上に現れた。複数の体節に分かれた甲殻と多くの足を持つ節足動物としても、動物の進化の歴史上、きわめて意義がある生物である。また動物としていくつかの先駆的な特徴を持つ。まず眼を持っている。三葉虫の眼はちょうど昆虫の眼のような数十の小さなレンズの集合体である。獲物を探したり、逆に獲物として狙われて逃げるときなど、眼を持つ有利さは言うまでもない。一部の学者は眼の発達こそ、生物の進化のスピードを早める主な原因の一つであったと主張する。三葉虫はこの後、約2億7０００万年ものあいだ繁栄し、その種類も体長わずか数ミリメートルの小さい種から1メートル近い大型なものまで、約1万5０００もの多くの種があった。化石愛好家のなかで三葉虫の人気が高い理由がよくわかる。しかし、三葉虫の栄華は古生代末（今から約2億5０００万年前）のペルム紀末の生物大絶滅の際にあえなく終わる。

カンブリア紀にはまた、貝のような殻を持った軟体動物、さらには棘皮《きょくひ》動物（ウニやヒトデを含む生物）も海中で繁栄していた。カンブリア紀の生物種で特徴的なことは、そのなかには多くの奇妙きてれつな形をした生物があることである。その典型はアノマロカリス（*Anomalocaris*）であろう（図12）。アノマロカリスの体長は1メートルにも達し、当時存在したその他の生物に比べて抜きん出て大きい。さらにその形態ときたら、飛び出した目や餌を捕まえる長い嘴のような器官など、どう見ても尋常ではない。しかし、なぜか当時のアノマロカリスをはじめとする異

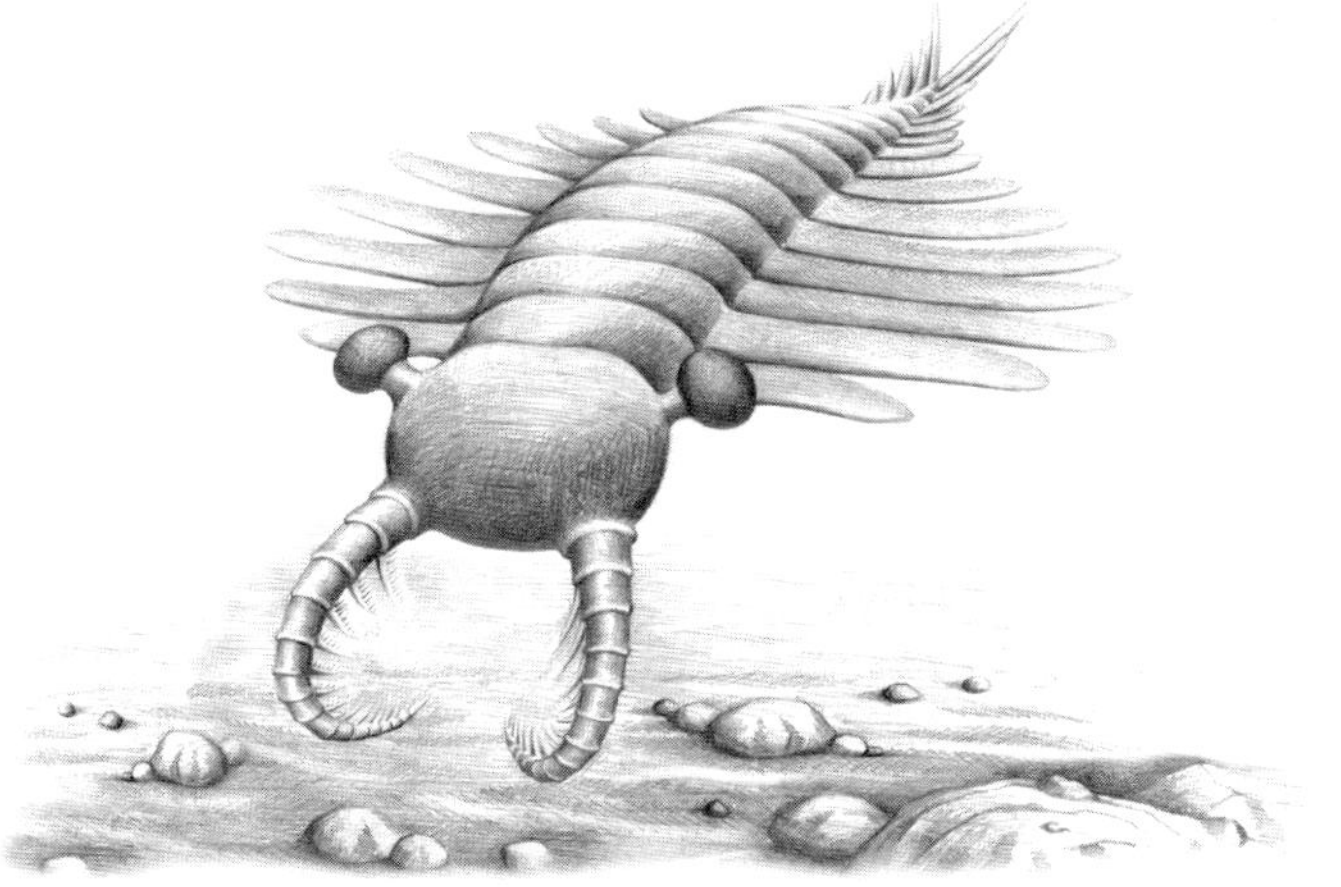

図 12　アノマロカリス（*Anomalocaris*）（想像図）

常な形態の生物の多くは、その後ぱったりと見当たらなくなってしまった。

魚の祖先と考えられるハイコウイクチス（*Haikouichthys*）も現れた（図13）。体長わずか2～3センチメートルのこの小さな生物は、うろこは持たないが脊柱を備えている。すなわち、現在地球上を闊歩している多くの脊椎を持った動物（脊椎動物）の祖先でもある。4章でその原理を述べるDNAの分子時計で計算すると、脊椎動物の起源、すなわち、無脊椎動物からの脊椎動物の分岐はカンブリア紀に先んじること約5000万年前の約6億年前であると理論上計算される。したがってハイコウイクチスは脊椎動物の祖先、あるいは祖先にきわめて近い生物であることは間違いない。ハイコウイクチスには顎はなく、現在のヤツメウナギのような無顎類に属すると考えられ

図 13　ハイコウイクチス（*Haikouichthys*）（想像図）

る。また、三葉虫のような節足動物や棘皮動物はすでに硬い外殻を持っていた。これらの硬い体組織を持った生物はそれ以前の持たない生物より、ほかの生物からの防御上、その生存に有利であったと考えられる。

　ではどうしてカンブリア紀に突如として生物種が異常に増加したのだろうか。大きく分けて二つの説がある。一部の学者、主として地質学者、古生物学者は当時の地球環境の変化にその原因があるとする。これら生物種の爆発的な増加の条件はすでに先カンブリア時代に整っており、多くの生物が自分に有利な環境の到来を待ち構えていた。そして環境がカンブリア紀直前に好転したので爆発的にその数が増えたと主張する。たとえば、この生物種の爆発的な増加をもたらした環境のもっとも大きな変化として、大気中の酸素濃度の飛躍的な増加を挙げる。また、古代大陸、ゴンドワナ大陸の出現（約5億1000万年前）も指摘する。ゴンドワナ大陸の出現によって、多くの新しい環境、特に生物の好む浅い海の面積が増加したことは事実であろう。

いっぽう、生物学者、特にDNAを研究している分子生物学者はカンブリア紀の爆発の原因は生物自体の持つ遺伝情報の変化、その複雑化によるのではないかと主張する。そもそも、カンブリア紀の生物に特有な脊椎や眼、外殻の発達には、当然のことながら、それらの発達を促す遺伝子の存在が必要である。たとえば後で述べるホックス（Hox）と呼ばれる一連の遺伝子群は体軸の決定や四肢の発生、発達に深く関わっている。分子生物学者はカンブリア紀の初頭、またはその直前に、これら遺伝子の働きが高度化したか、または新しい遺伝子を獲得することにより、多くの新しい機能、構造を持った生物種が生まれたとする。しかし、どうして多くの遺伝子がこの時期に獲得されたのか、その原因についてはまったく推測の域を出ない。しかも、このようなきわめて短期間の生物種の爆発的増加はダーウィンの言う変異と適者生存による漸進的な進化論と矛盾するとする意見も多い。

この興味ある議論は両者それぞれの言い分がありいまだ決着していないが、おそらくはなんらかの理由でゲノムDNAにその大きさが変わる（大きくなる）などの不安定化、流動化が起こり（あるいはすでに起こっていた）、それらの生物のなかから、当時激変した地球環境に応じて、それに適応できるようにゲノムＤＮＡが変化した生物が一挙に生まれたのであろう。単に環境が変化してもゲノムＤＮＡが安定していては、それが新種の生物の劇的増大にはそう簡単にはつながらない。いずれにしろ、先カンブリア紀の末期、またはカンブリア紀の初期に多細胞の生物の体を構成する基本的な遺伝的フレーム（body plan）が確立したのであろう。それがどうして、どのようなメカニズムでできあがったのかはきわめて興味ある問題で、進化のメカニズムに関しての最大の謎と考えてよいのではないか。その後の進化上の大きな変化は、このときにできあがった遺伝的フレームの単なる修飾かその転用とも解釈される。そして、この後は、そう簡単にはゲノムＤＮＡが変化しないで、ゲノムＤＮＡが安定化するメカニズムが働き、現在に至っていると考えられる（これに関しては本書の最後でもう一度述べる）。

生物の多様化がますます進むオルドヴィス紀とシルル紀

カンブリア紀に続く地質区分はオルドヴィス紀（Ordovician）である。オルドヴィス紀は今から約４億８５００万〜４億４３００万年前のほぼ４２００万年のあいだを指す。この時期、地球上には陸地がありはしたが、どの生物も上陸した形跡はなく、彼らは依然として海中に棲んでいた。そこにはカンブリア紀に出現した貝類、ヒトデやウニのような棘皮生物、原始的な珊瑚《さんご》など

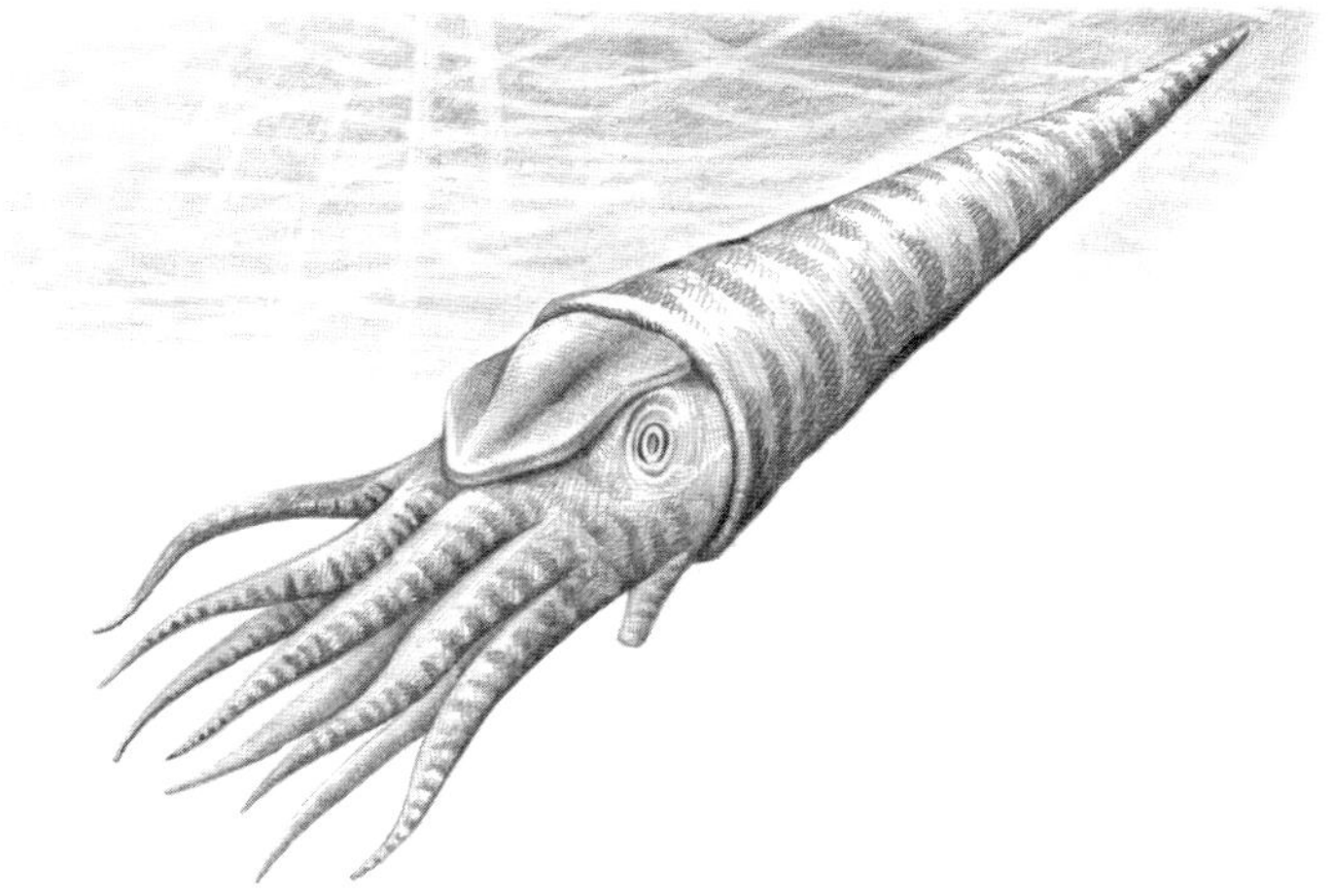

図 14　カメロセラス（*Cameroceras*）（想像図）

が棲息していたが、主役は依然として三葉虫のような節足動物であった。そのなかには現在も棲息している生ける化石、カブトガニもいた。またカブトガニと類縁のウミサソリ（eurypterid, sea scorpion）も現れた。これらの節足動物は足があったので当時の生物のいない荒涼とした陸に一時的に上陸していたかもしれない。また、ウミユリ（sea lilly）もこの時期に初めて現れたとされる。

当時の特徴ある生物としてはまず巨大な動物、現代のイカに似たカメロセラス（*Cameroceras*）を挙げなくてはならない（図14）。カメロセラスは長さ10メートルにも及ぶ大きな殻を持った軟体動物（molluscs）であるが、アンモナイト（Ammonite）やオウムガイ（*Nautilus*）の親戚であり、分類学上は軟体動物門の頭足類（Cephalopo-

図 15　メガログラプタス（*Megalograptus*）（想像図）

da）に属する。カメロセラスは8本の触手（足）を持ち、これを用いてほかの動物を捕まえていたと考えられる。カメロセラスは約1000万年後に絶滅する。カメロセラスはその巨大さで有名だが、当時繁栄した多くの頭足類は体長数センチメートルの小さなものが大部分であった。化石の記録ではこれらの頭足類はカンブリア紀に現れ、約2億5000万年間生き残ったがその後ほとんどが絶滅した。

また、鋏を持った節足動物、ウミサソリ、メガログラプタス（*Megalograptus*）も現れる（図15）。メガログラプタスは大きさ1メートルに及ぶ巨大なウミサソリで、ほかの生物を捕まえて食し、オルドヴィス紀の海をカメロセラスとともに我が物顔に制覇していたと思われる。しかしウミサソリの命運も約2億1000万年後のペルム紀に尽きる。さてこれらのウミサソリとその後陸上で見出されたサソリとはどのような関係にあるのだろうか。残念ながら、確かな答えはない。

さてシーラカンスの祖先ともなり得るオルドヴィス紀の魚についても一言述べたい。カンブリア紀に初めて現れた、原始脊椎を持ったハイコウイクチスなどの現在のヤツメウナギなどの祖先と考えられる無顎類の魚は、オルドヴィス紀にも生存していたことが化石記録に残っている。一般にオルドヴィス紀においてはハイコウイクチスの形態に特に著しい変化はみられない。しかし、特筆すべきは原始的な鱗や甲冑のような魚類の外殻の原型となるような構造を持ったアランダスピス（*Arandaspis*）のような無顎類の小型魚類がこの時代の中期に現れたことであろう（図16）。

オルドヴィス紀に続くのがシルル紀（Silurian）で、今から約4億4300万〜4億1900万年前のほぼ約2400万年のあいだを指す。この時代になると陸地の近くの浅い海では珊瑚礁が発達して小さな動物の格好の棲家になっていた。しかし、やはり三葉虫などの節足動物の天下は続いていた。オルドヴィス紀に現れたウミサソリはますます巨大化する。そのなかにはシルル紀末期に生存した体長3メートル近いウミサソリ、プテリゴータス（*Pterygotus*）もある（図17）。ちなみにプテリゴータスは今まで記録されたもっとも大きな節足動物の一つである。

魚にも一段と進化の跡がみられる。原始的ながら体を覆う硬い組織や簡単な神経系も発達し

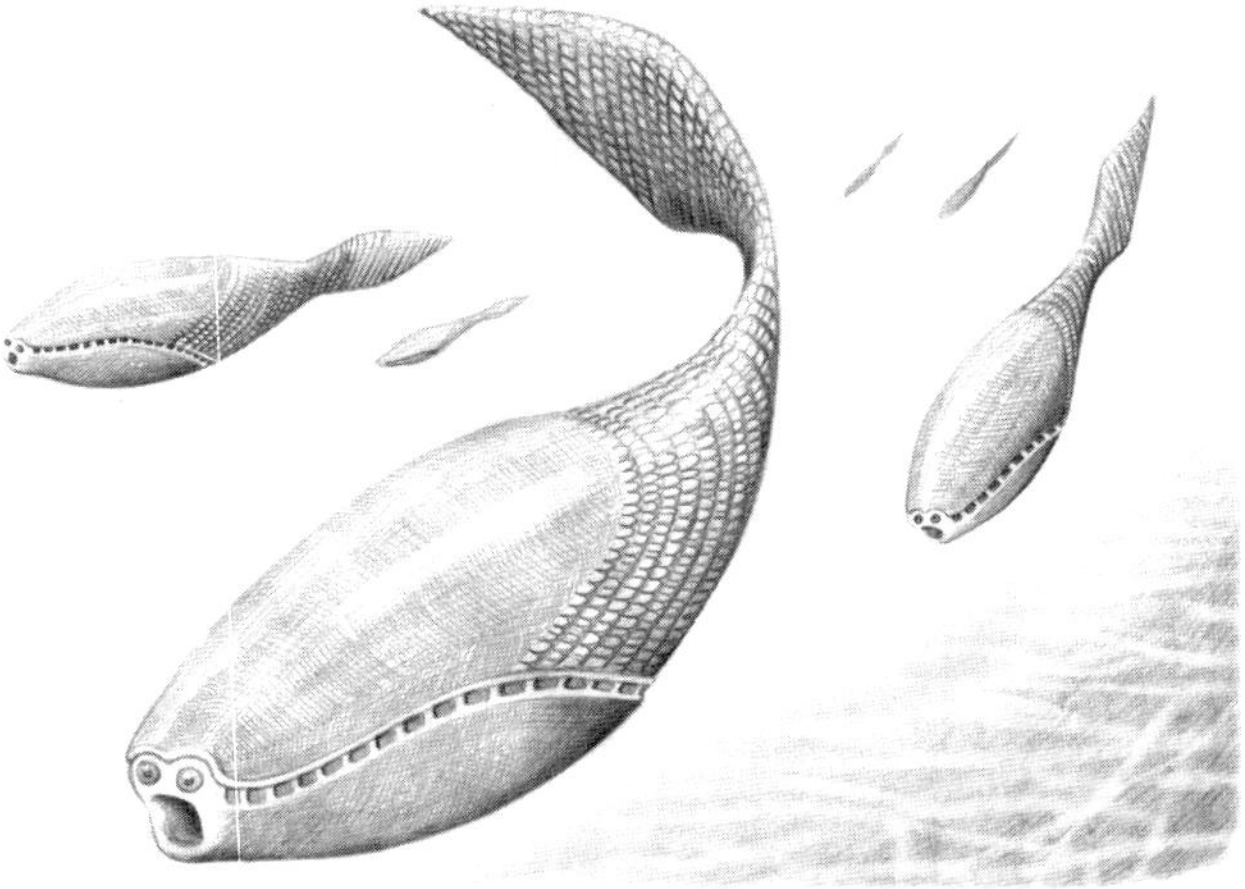

図 16　アランダスピス（*Arandaspis*）（想像図）

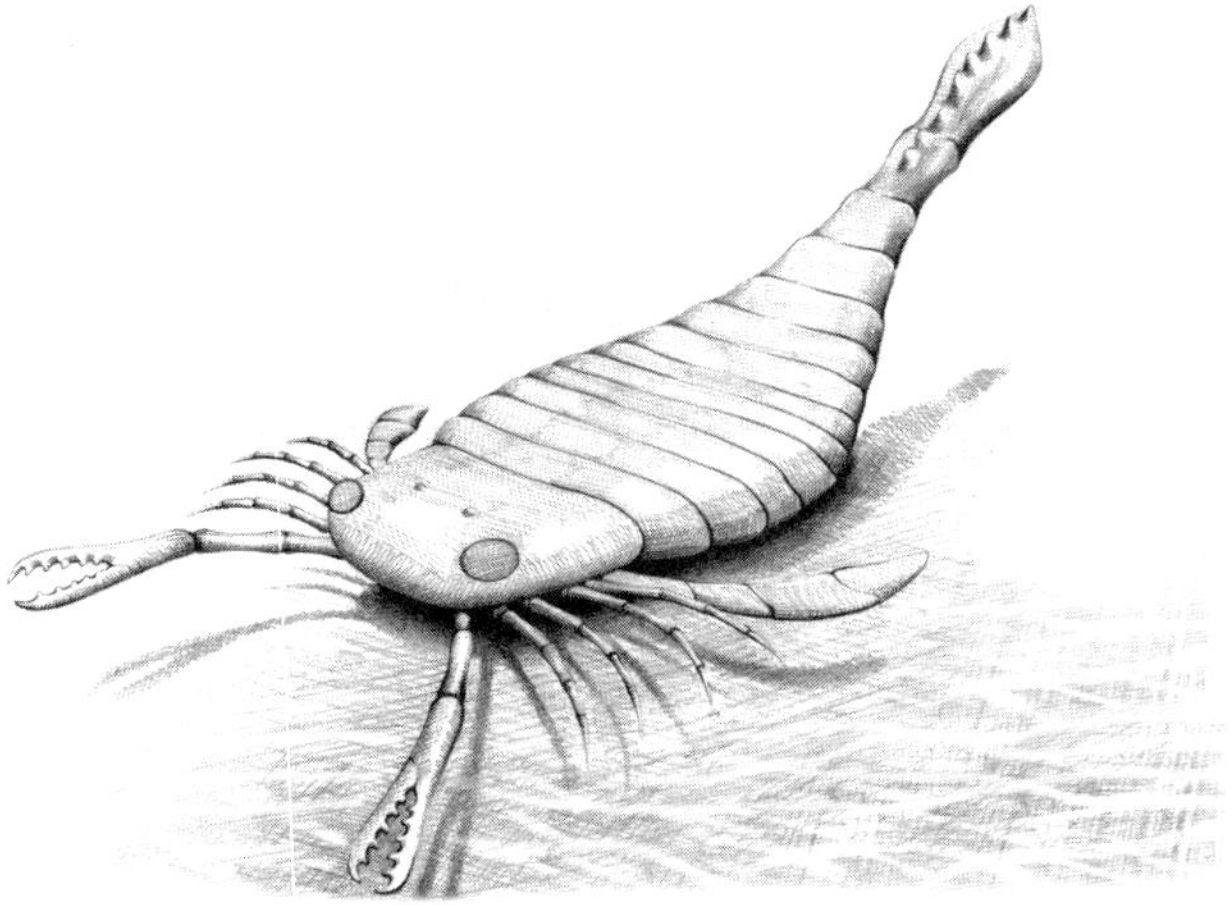

図 17　プテリゴータス（*Pterygotus*）（想像図）

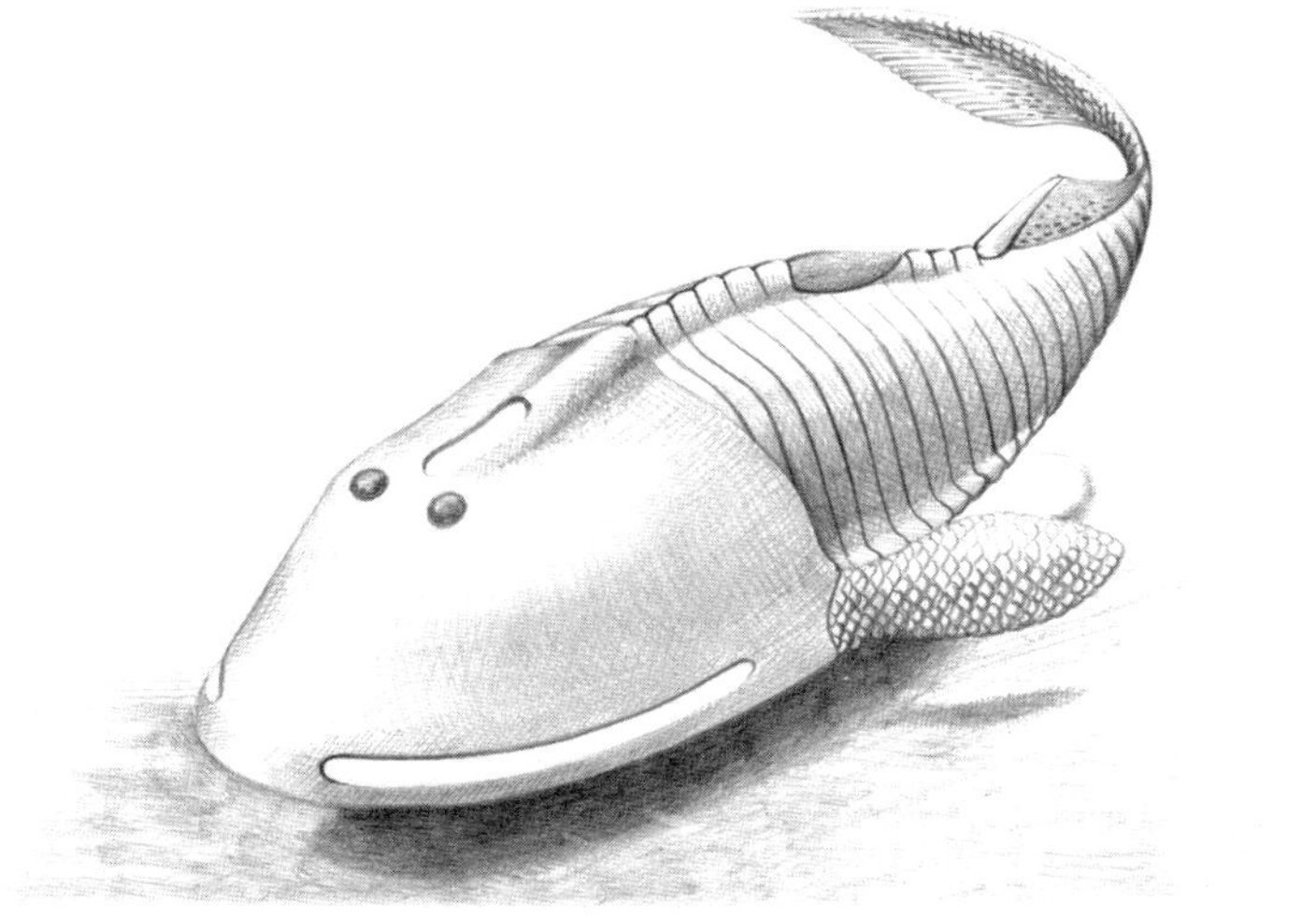

図 18　セファラスピス（*Cephalaspis*）（想像図）

た。典型的な魚はセファラスピス（*Cephalaspis*）である（図18）。この魚は体長50センチメートルほどの中型の魚であるが、ハイコウイクチスの持っていた原始的な背骨や眼のほかに、体は甲冑のような硬い組織で覆われている。おそらくほかの生物から身を守るためであろう。

この時期の無顎類の魚に起きた重要な変化はある種の魚（ヤモイチウス：*Jamoytius*）の体の側面に一対のひれのような幅広い構造が現れたことであろう。このひれ状構造（対ひれ）はまだシーラカンスのように胸びれ、腹びれのようには分かれてはいないが、のちにこの中央部がくびれてなくなり胸びれ、腹びれとなったと想定される。そうするとシーラカンスの現れるはるか前にすでに当時の魚のゲノムＤＮＡにこのようなひれを作り上げるのに必要な遺伝子の原型が準備されていたことになる。そして、シーラカンスのような胸びれ、腹びれが我々の四肢の起源と仮定すると、そのさらなる起源は今から4億年以上前にさかのぼることになる。

シルル紀には生命史上、特筆されることが起こった。陸地に初めて植物が定着、生育し始めたのだ。シルル紀も終わりに近づいた頃、現在の苔のような植物が陸地の川のほとりに群落を作って棲息し始めた。陸地が出現後、5億年以上かかってようやっと生物がこの新天地に定住しだしたが、その一番乗りは植物だったのである。

魚の時代、デヴォン紀――シーラカンスが現れる――

次のデヴォン紀（Devonian）は生物の歴史にとって、なかなか劇的な時代であった。またシーラカンスが初めて地球上に姿を現した時代でもある。デヴォン紀は今から約4億1900万〜3億5900万年前の約6000万年のあいだである。まず、その初期から海は多くの種類の魚類でごったがえしていた。種類だけでなく、そのサイズも格段と大きくなり、体長10メートルに及ぶ巨大魚ダンクルオステウス（*Duncleosteus*）も現れた（図19）。デヴォン紀が魚の時代と呼ばれるのも当然であろう。ではデヴォン紀になぜ魚が急増したのか。おそらくその理由は、カンブリア紀から生きのびてきた顎のない魚（無顎類）が進化して強固な顎を持った魚が現れたか

図 19　ダンクルオステウス（*Dunkleosteus*）（想像図）

らであろう。なぜなら顎があることによって、今まで食べられなかった硬い殻を持った多くの生物を餌とすることができるようになったからと思われる。顎を持っている魚のなかでもっとも大きな魚は前述のダンクルオステウスである。この魚は頭だけでも直径1メートル近くあるとされ、歯はなかったが、強固な骨からできている下顎を自由に動かせる。このような顎を持った魚が隆盛を誇った結果、その餌となったであろう、節足動物の三葉虫や、プテリゴータスのようなウミサソリなどは絶滅するか、絶滅の危機にさらされる。実際、デヴォン紀末にはこれらの生物はほとんどいなくなってしまった。しかし、このなかでセファラスピスやハイコウイクチスのような無顎類の魚はその後3億年以上、細々ではあるがしぶとく生き残り、今日のヌタウナギ、ヤツメウナギなどとして残っている。

デヴォン紀の魚のなかには、今日存在する2種類の魚類、硬骨魚と軟骨魚がすでに存在していた。硬骨魚は文字通り硬い脊椎をもち、現在の魚の大部分を占め、軟骨魚はサメやエイなどその種類は限られている。化石の記録によるとデヴォン紀の典型的な軟骨魚であるサメが現れたのは、すなわちほかの魚類からの進化上の分岐点は、デヴォン紀後期（約3億7000万年前）と推定されている。当時のサメはそれほど大きくなく、典型的なステサカンサス（*Stethacanthus*）で大体1メートル前後、大きくてもせいぜい2メートル程度である（図20）。

一般にサメの進化を研究する際の問題は、完全なサメの化石がなかなか見つからないことである。なぜならサメの骨格は主として化石として残りにくい軟骨でできているからである。したがって、サメの化石と言えば、ほとんどがサメの歯の化石で、全身化石は比較的珍しい。図21にレバノンから最近産出した中生代末期（約1億年前）のサメの全身化石を示そう。

さてサメは現在まで生きのびているが、分子時計（4章参照）から測定したゲノムDNAの塩基の変化、すなわちDNA上の進化のスピードがほかの生物に比べて著しく遅い。それを反映してか、現存のサメなどの軟骨魚類の種類はほかの魚に比べて相当少ない。硬骨魚は現在地球上に約2万7000種類いるのに対して、軟骨魚類はその30分の1の約880種類である。

この時期にはほかにも、胴体が甲冑に囲まれている魚が現れている。そのなかで原始的な甲冑

図 20　ステサカンサス（*Stethacanthus*）（想像図）

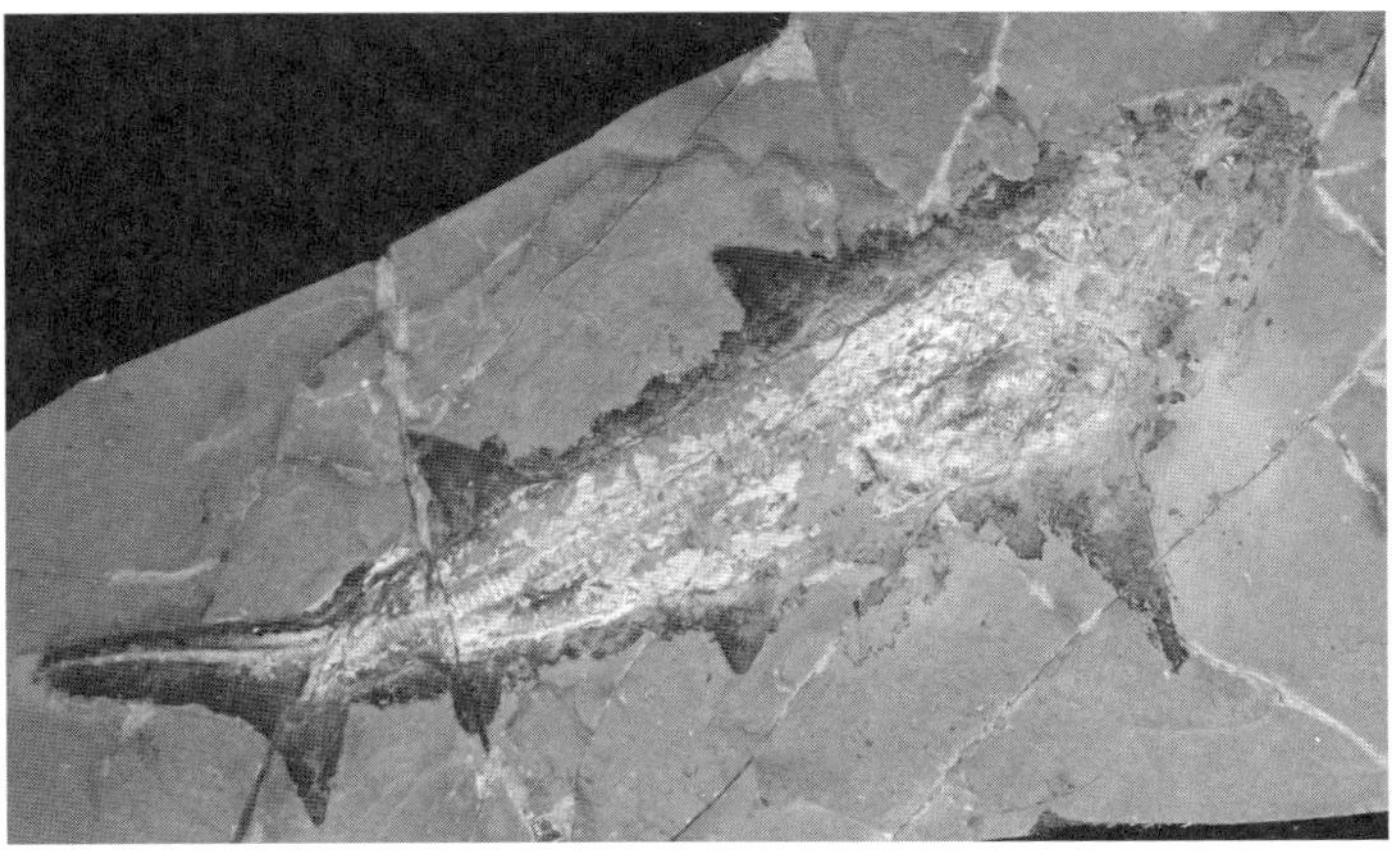

図 21　サメの化石
〔産地：レバノン，ハーケル地方．時代：白亜紀〕
［大石コレクション］

図22　ワイゲルタスピス（*Weigeltaspis*）の化石
〔産地：ウクライナ，ポドリア地方，時代：デヴォン紀〕
［大石コレクション］

を持ったワイゲルタスピス（*Weigeltaspis*：デヴォン紀初期）（図22）と、淡水性で世界中に広範に棲息していたと思われるボスリオレピス（*Bothriolepis*：デヴォン紀後期）の写真を示す（図23）。

化石の記録をみると、デヴォン紀になって、多くの種類の魚のなかにシーラカンスにみられたような太い根元を持った対ひれがある魚が何種か現れる。少なくとも約3億8000万年前のことである。すなわちシーラカンスだけが太い根元のひれを持った魚ではない。よく研究されているのはユーステノプテロン（*Eusthenopteron*）である（図24）。この魚は体長30～130センチメートルほどであり、太い根元のひれを持つ。化石をよく調べると、この太い筋肉質なひれは我々の四肢と同じように骨で支えられている。しかし、この骨はきわめて原始的で我々の四肢の骨のような関節

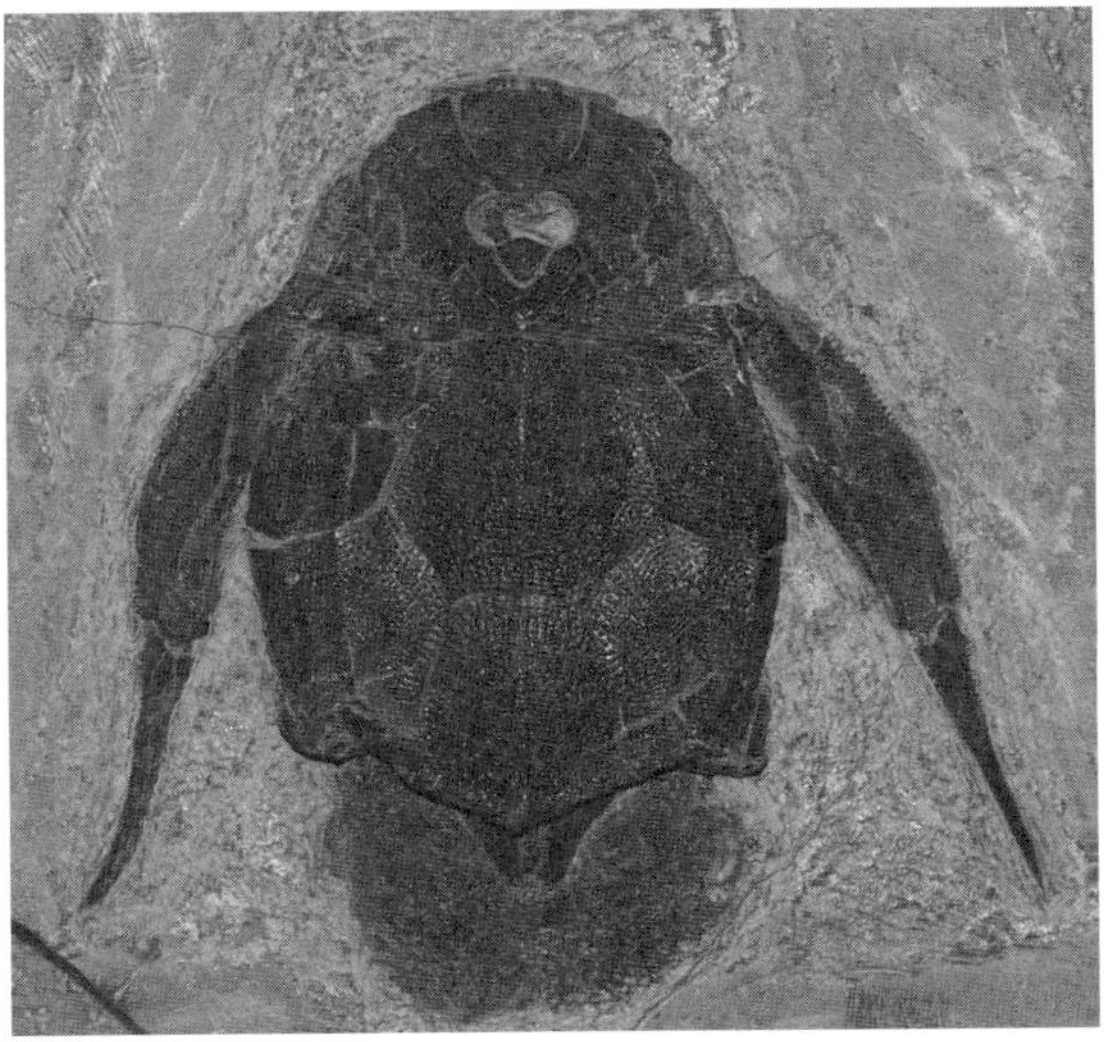

図 23　ボスリオレピス（*Bothriolepis*）の化石
〔産地：カナダ，ケベック地方．時代：デヴォン紀〕
［大石コレクション］

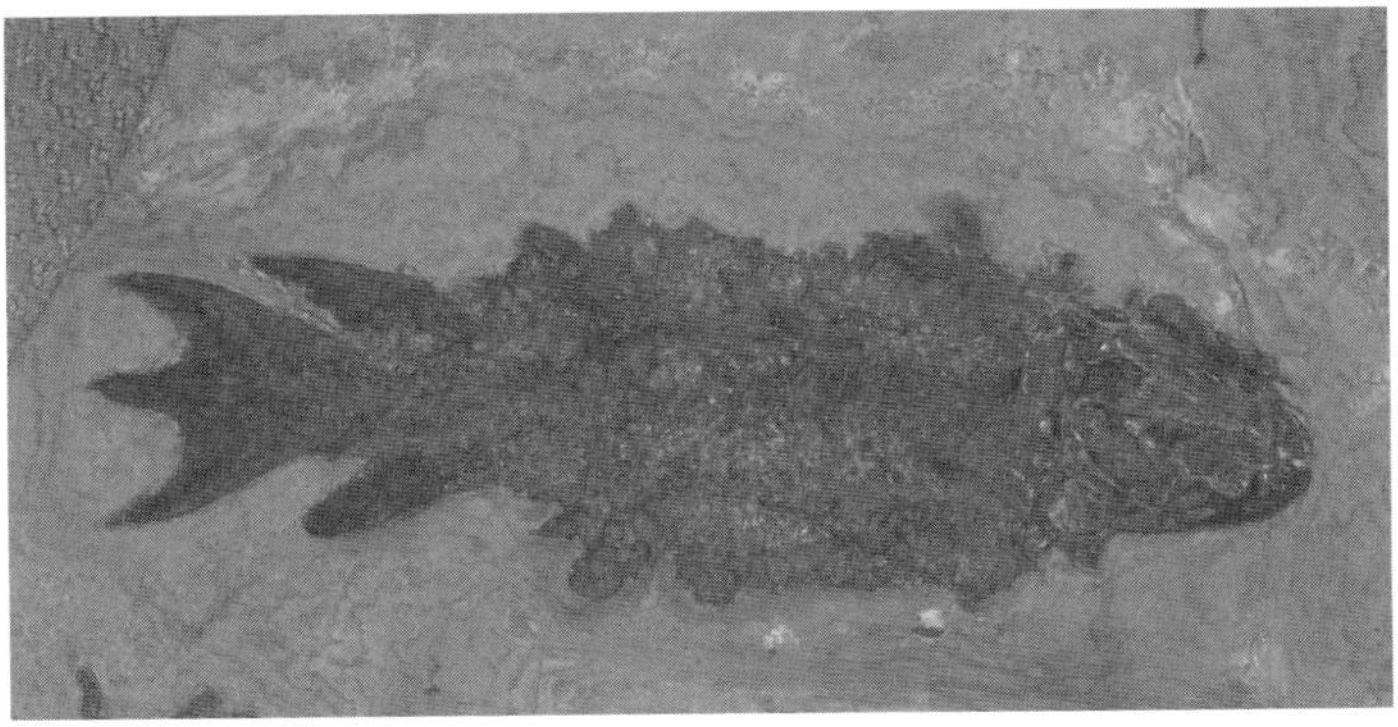

図 24　ユーステノプテロン（*Eusthenopteron*）の化石
〔産地：カナダ，ケベック地方．時代：デヴォン紀〕
［大石コレクション］

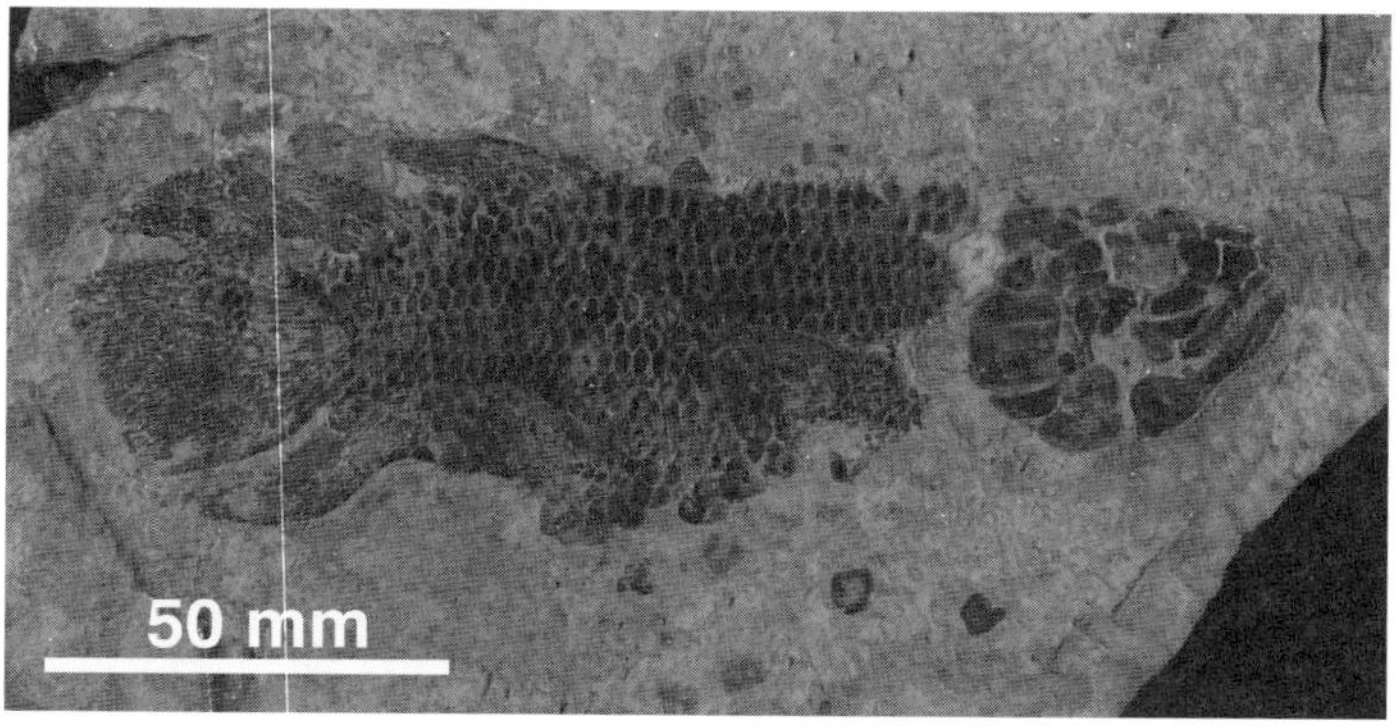

図 25　シーラカンスの一種，ミグアシャイア（*Miguashaia bureaui*）の化石
〔産地：カナダ，ケベック地方，時代：デヴォン紀〕
［籔本美孝氏提供］

は見当たらない。

さて本書の主題の一つであるシーラカンスが現れたのはいつであろうか。その起源についてはいまだよくわかっていない点が多い。完全な個体として見出されたシーラカンスの化石はユーステノプテロンが棲息していた時期よりさらに約2000万年後の約3億6000万年前のものである。その典型的なシーラカンスとしてミグアシャイア（*Miguashaia*）（図25）など数種が知られている。しかし、ミグアシャイアが現れるより約4000万〜3000万年古い地層から（現在より約4億〜3億9000万年前）シーラカンスの特徴を備えた魚類（ユーポロステウス：*Euporosteus*）の部分（頭部）化石が、ドイツおよび中国で見つかった。全身の化石でないために、その研究にはおのずと限界があるが、シーラカンスの起源をこの時期に求める意見も多い。

図 26　肺魚の一種，スカウメナシア（*Scaumenacia*）の化石
〔産地：カナダ，ケベック地方．時代：デヴォン紀〕
［大石コレクション］

実は肺魚もこの時期に現れている。化石の記録からみるともっとも古いとされるシーラカンス（ユーポロステウス）からさらにさかのぼること約２０００万年前のデヴォン紀初頭（約4億１６００万年前）の地層から、肺魚（ディアボレピス：*Diabolepis*）の化石がやはり中国で見つかっている。ほかにもカナダのミグアシャ地方のデヴォン紀（約3億７０００万年前）の地層から多くの種類の肺魚の化石が発掘されており、20種近い肺魚がデヴォン紀に生存していたと考えられている。これらの肺魚はシーラカンスと同じような太い根元を持つひれを持っている。そのうちの一種、肺魚スカウメナシア（*Scaumenacia*）の写真を図26に示す。発達した太い根元を持つ背びれがみえる。先にも述べたがこのひれは現存の肺魚では細くなり一見退化しているようにみえる。デヴォン紀の肺魚はまだ肺が十分には発達していないので、主としてえらで呼吸していたと推定される。

ここで注目すべきは、化石の記録から初期の肺魚は浅い海に棲んでいたが徐々に淡水にその生活の場を変えていた確かな証拠がある点だ。[11] このことは肺魚が四肢を持った生物の祖先であるかどうかを論じる際に参考になるかもしれない。

ついに陸に上がった魚——移行動物チクターリクの発見——

さてデヴォン紀の大事件はなんといっても海に棲んでいた魚の一部がとうとう陸に移住し始めたことだ。デヴォン紀後期に存在した大陸は、北部のローラシア（Laurasia）と南部のゴンドワナ（Gondwana）大陸が合体してできたスーパー大陸、パンゲア（Pangaea）大陸である。まず、一部の植物はシルル紀からすでにこの大陸に上陸していた。しかし、魚など海に棲んでいた生物が大陸に上がってそこに棲むようになるのは、植物ほど容易なことではない。まず、陸地を動き回るための足が必要である。さらに魚はえらで海中に溶けている酸素を取り入れているが、空気中の酸素を直接体内に取り入れるためにはまったく別の器官、肺が必要である。ほかにも陸上生活に必要な多くの器官が新しく作られなければならない。ではどのようなステップを経て大陸に上がることができたのだろうか。そのために海に棲む動物、おそらくは魚から、陸に棲む動物、多分はじめは海にも陸にも棲める生物（両生類）へ移行中の動物の化石が見つかれば、この生物進化のなかでもっとも重要な進化の一つと考えられている陸上への進出に伴う四肢の発達についての大きなヒントが得られるはずである。この動物は多分、魚と四肢を持った動物の中間の形態を持っているに違いない。すなわち、退化しつつあるえら器官を持つと同時に陸上に棲む動物に特有な肺や四肢の原型を備えていることであろう。もしそのような中間的な、進化上に移行中の動物（移行動物：transitory animal）の化石が見つかるとなると、四肢を持った動物がどう進化してきたか、など生物進化の重要な謎を明らかにするためのヒントが得られることになるであろう。

しかし、残念ながら化石の記録をみると、一般的に移行動物の化石はまれにしか見つからない。多分移行中の動物はその種類、数が環境に適応して繁栄している動物の化石よりもはるかに少ないことが原因であろう。先にも述べたが、神による天地創造を信じる人たちは、進化途上と思われる移行動物の化石が見つからないことを進化論否定の根拠の一つにしているのだ。

いっぽう陸上と水中の両方に棲息していたと思われる動物の化石は、古くグリーンランドの約3億6600万年前の地層から見つかっていた。このうち、もっとも古い地層から見つかっていたイクチオステガ（*Ichthyostega*）は頑丈な四肢や肋骨を持っており、また大きな魚の尾びれのような構造があることから、陸上と水中の両方に棲息していたと考えられる。またイクチオステガは呼吸を肺でしていたものと思われる。ほかにもアカントステガ（*Acanthostega*）などイクチオステガと似た生物の化石が見つかっている。アカントステガの前肢の先端には８本の指状の構造がみられる。ちなみにこれらの動物からさらに進化した、おそらく常時陸に棲んでいたと思われる動物、ペデルペス（*Pederpes*）の化石はこれより約２０００万年後の中生代石炭紀の地層から見つかっている。

さてイクチオステガなど、これらの動物はおそらくは現在の両生類の祖先とも考えられるが、はたしてこれらの動物がユーステノプテロンやシーラカンスや肺魚などの太い根元を持ったひれがある魚から進化したものであるか、議論が分かれていた。なにぶん両者の棲息していた時代に少なくとも１５００万年の間隔があるし、イクチオステガなどこれらの生物の骨格はユーステノプテロンなどの魚とは大きく違い、むしろ現在の両生類のような動物に近いとも言えるからだ。もし四肢を持った動物が魚から由来したのならもっと魚に近い、まさに魚から移行途中の動物の化石があるはずではないか。

この魚から四肢を持った動物への移行途中と思われる動物の化石がついに２００４年、シュービン（N. H. Schubin）、デシュラー（E. B. Daeschler）、ジェンキンス（F. A. Jenkins）らによって、カナダ北極圏の島で発見された。彼らは移行動物はデヴォン紀の魚、特にユーステノプテロン、シーラカンス、肺魚など太い根元のひれを持った魚から進化したと信じて、それらが棲息したと思われた、今から約３億７５００万年前の地層に目をつけ、そして、カナダ北極圏のエレスメア島の堆積層から、見事、移行動物の化石を発見したのである。この話についてはすでに多くの本があるので(12)ここでは詳しく述べない。

約3億7500万年前というと、今からおよそ5億年前に地球に陸地が出現してから約1億2500万年後である。その頃に、魚から陸上動物へ移行中と思われる動物が実際棲息していたことになる。この動物は現地の原住民語（イヌイット語）で「大きな淡水魚」を意味するチクタ－リク（*Tiktaalik*）と名づけられた。その想像図を図27に示す。何よりも驚くべきことは、チクタ－リクは明らかに、魚と四肢を持った動物の両方の特徴を有していることである。たとえば、チクタ－リクはえら、うろこ、ひれなど魚に特徴的な構造を持っている一方、肋骨、首、肺のような陸上動物に特有な器官の原型とも思える器官も有している。さらにはシーラカンスにあるような四肢の原型とも言える太い根元を持った前後一対、計4本のひれがあるが、それには骨があるどころか、関節のような構造さえみられる。この四肢状の部位の先端部には指の原型とも考えられる放射状の組織の存在が認められた。また魚と違って平たい頭を有し、しかも目は魚のように横でなくワニのように頭の上部にある。またこの頭は魚のように胴体とは一体に固定されておらず、ある程度自由に動かすことができたと考えられている。これらのさまざまな体の組織や構造、それからその棲息していた時代から考えて、チクタ－リクはまさに魚から陸上動物への移行期の動物であることはほぼ間違いないことであろう。これはあくまで推測だが、チクタ－リ

図 27　チクターリク（*Tiktaalik*）（想像図）

クは多分、浅い水域に棲み、海と陸とを、餌を求めて往復していたと思われる。

さて、チクターリクはえらのような魚に特徴的な器官や組織を持っているから、チクターリクが魚から進化したことはまず間違いないとして、ではどのような魚から進化したのであろうか。シーラカンスも含めて、その候補を探ってみよう。

チクターリクが棲息していたとされる今から約3億7500万年前というと、すでに海にはユーステノプテロンなどの太い根元を持ったひれを持つ魚が棲んでいた。ユーステノプテロンが初めて現れたのは約3億8000万年前であるから、チクターリクが発見された時期より約500万年前になる。

いっぽう、デヴォン紀のシーラカンスの化石の多くはチクターリクが棲息していたとされる時期より後の今から約3億6000万年前の地層から見つかるが、前述のように中国の約4億年前の地層から不完全ながら小さなシーラカンスと思われる化石が見つかっている。また同じように太い根元のあるひれを持った肺魚の化石はそれよりさらに古い約4億1600万年前の地層から見つかっている。これより、チクターリクが棲息していた約3億7500万年前のさらに数千万年以上前に、シーラカンスや肺魚はすでに地球上にいたことになる。

これらの化石が見つかった年代の測定には誤差があるし、別の年代の地層に未発見の化石があるかもしれないが、これらの年代を信じると、チクターリクの祖先、すなわち、初めて陸に上がった動物は、チクターリク以前に海に棲んでいたこれら太い根元を持ったひれがある魚類のなかのどれかである可能性が高い。そうするとチクターリクの直接の祖先、すなわちわれわれ四肢を持った動物の祖先の候補としては、（1）ユーステノプテロン、（2）シーラカンス、（3）肺魚、（4）これら以外のいまだ化石が見つかっていない魚、ということになる。

化石から得られる情報だけでは、この4者からこれ以上候補を絞ることは難しい。だが、近年行われたシーラカンスの全ゲノム解読によって、大きな知見の進展があった。その内容についてはは本章の最後で触れることとし、まずは、シーラカンスのその後の進化の様子を見ていこう。

生き残ったシーラカンスたち

デヴォン紀に現れたこれら太い根元のひれがある魚のうち、その後現在まで生き残ったのはシーラカンスと肺魚だけである。特にシーラカンスはその出現から約3億年間、およそ6600万年前の白亜紀末の生物の大絶滅で、そのほとんどが絶滅するまでは、広く地球上に棲息していた。その化石は、ヨーロッパ、中国、アメリカ、カナダ、ブラジル、中近東など地球上の広範な地域で見つかっている。残念ながら我が国からはその化石は見つかっていない。これら化石の記録をみると、今まで少なくとも80種のシーラカンスが存在していた。もちろんこの間、シーラカンスは、さまざまな進化を遂げているが、そのなかにはどう見ても一見しただけではシーラカンスと思われない種もある。また、大きさも多種多様で、わずか体長十数センチメートルのものから3メートル以上に及ぶ大型の種（マウソニア）もある(13)。

太古のシーラカンスと現存しているシーラカンスの大きな違いの一つはその棲息している場所である。前にも述べたように、現存の東アフリカ沖にいるシーラカンスもインドネシア海域にいるシーラカンスも水深150メートルから数百メートルの比較的深い海に棲息している。いっぽう、古代のシーラカンスは化石が見つかった地層の状況から、浅い海または淡水に棲息していたと考えられている。初期のシーラカンスはもちろん海に棲んでいたが、デヴォン紀後期、次の石炭紀には淡水に棲んでいるシーラカンスも現れている。

そうすると、現存しているシーラカンスは、その祖先は化石として見つかっていないがやはり深い海に棲んでおり、現在に至ったのか、または、ほかのシーラカンスと同様に、浅い海または陸地に近い淡水に棲んでいたが、たまたま運良く白亜紀末の生物の大絶滅を逃れ、その後なんらかの理由で深い海に棲むようになったか、どちらかであろう。もし、前者なら、深海に棲んでいたからこそ、白亜紀末の生物の大絶滅を逃れた可能性があったとも言えるし、もし後者なら、シーラカンスが現在のように深い海に棲むようになったのは比較的最近のこと、大絶滅後、ここ数千万年のあいだのことだと言える。

いっぽう肺魚について言えば、6種の肺魚が現在、地球上に存在している。オーストラリアに1種、南米に1種、アフリカに4種である。すべて淡水に棲み、この点でシーラカンスと異なる。えらもあるが、成魚になるにつれ肺が発達し、時折水面に現れて空気中の酸素を吸い込む。どうした訳か肺魚はシーラカンスほど人々の関心を引かずにいる。

さてシーラカンスは初めて現れたデヴォン紀からほぼ絶滅した白亜紀末までの各時代の地層からまんべんなく見つかっている。初期のシーラカンスとしてはドイツやカナダのデヴォン紀中期〜後期の地層から比較的完全な形で発掘されている。典型的なシーラカンスとしてはカナダのケベック州ミグアシャ（Miguasha）地方から発掘されたミグアシャイア（*Miguashaia bureaui*）があり、すでにシーラカンスに共通な特徴をほぼ兼ね備えている（図25参照）。その後シーラカンスは同じ古生代の石炭紀（Carboniferous：約3億5900万〜2億9900万年前）、ペルム紀（Permian：約2億9900万〜2億5200万年前）、中生代の三畳紀（Triassic：約2億5200万〜2億100万年前）、ジュラ紀（Jurassic：約2億100万〜1億4500万年前）、白亜紀（Cretaceous：約1億4500万〜6600万年前）を通じて見つかっている。以下に典型的なシーラカンスの化石の写真を示そう。

まず石炭紀のシーラカンスとしてカルディオサクター（*Cardiosuctor populosum*）（図28）が挙げられる。これは比較的細長い形状のシーラカンスで、石炭紀前期の生物の化石が多く見つかるアメリカ、モンタナ州のベアガルチ石灰岩（Bear Gulch limestone）層から多く発掘されている。同じ地層から体長は約15センチメートルと小型でおよそシーラカンスとは思えない形状をしているアレニプテルス（*Allenypterus montanus*）（図29）やハドロネクター（*Hadronector dondairdi*）などの小型のシーラカンスも見つかっている。これらのシーラカンスの棲んでいた環境は浅い海であると推定されている。ほかに石炭紀のシーラカンスとしては石炭紀後期の地層から見つかったラブドデルマ（*Rhabdoderma*）が有名である。

次のペルム紀の地層からもいくつかのシーラカンスが発見されている。そのなかですでに19世

図 28　シーラカンスの一種，カルデイオサクター（*Cardiosuctor populosum*）の化石
〔産地：アメリカ，モンタナ州．時代：石炭紀〕
［大石コレクション］

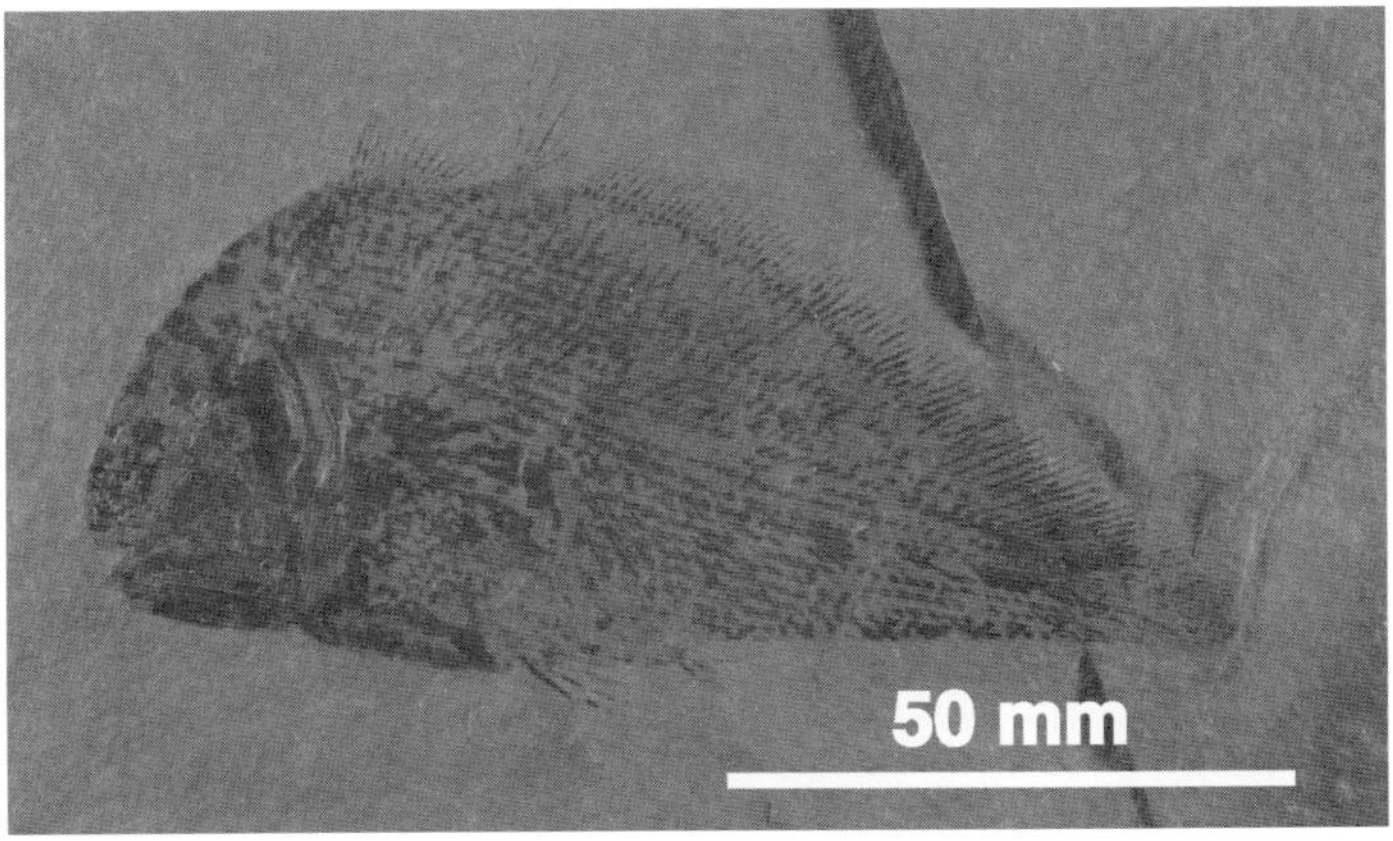

図 29　シーラカンスの一種，アレニプテルス（*Allenypterus montanus*）の化石
〔産地：アメリカ，モンタナ州．時代：石炭紀〕
［籔本美孝氏提供］

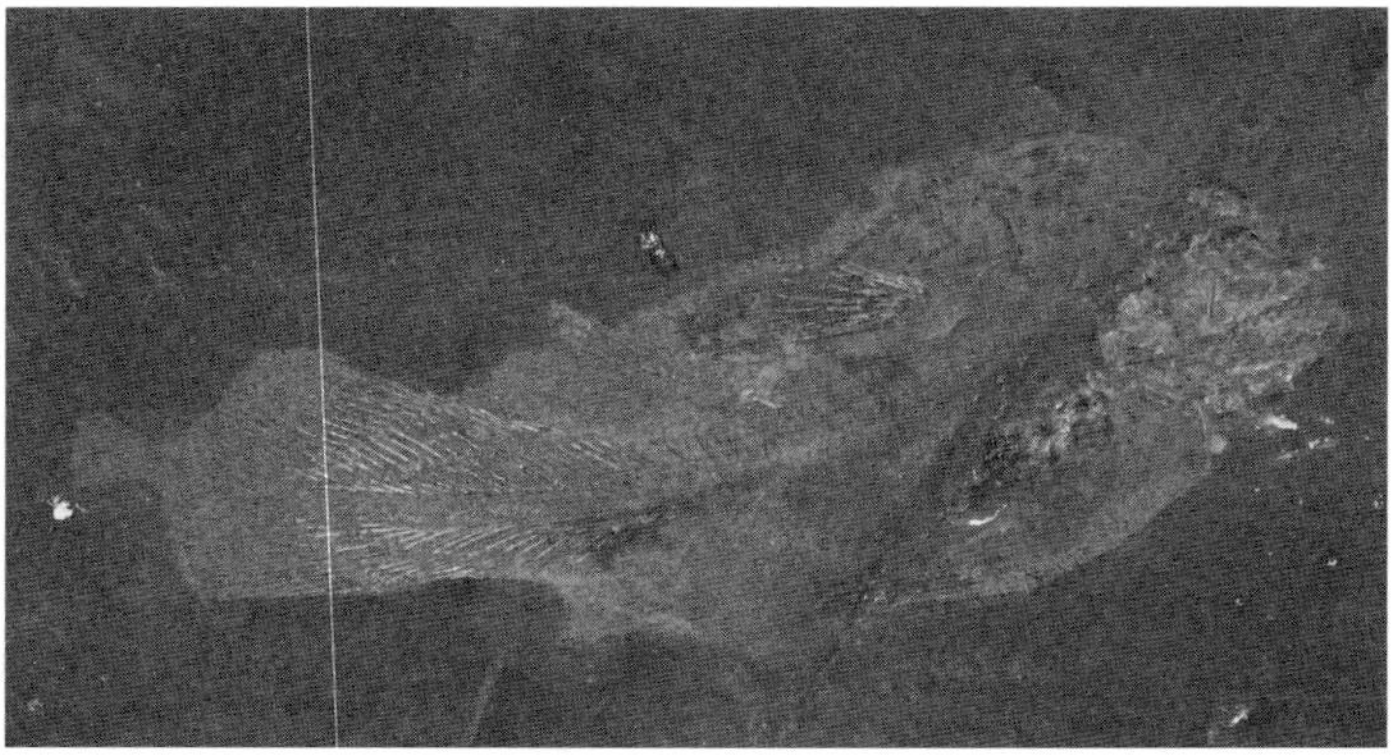

図 30　シーラカンスの一種，グラニュレータス（*Coelacanthus granulatus*）の化石

〔産地：イギリス，ダラム地方．時代：ペルム紀〕
［大石コレクション］

紀に記載されている、ペルム紀前期の地層（イギリス、ダーハム：Durham）から見つかったグラニュレータス（*Coelacanthus granulatus*）を示す（図30）。

中生代（Mesozoic）に入ってシーラカンスはますます繁栄しているようにみえる。まず中生代始めの三畳紀の典型的なシーラカンスとしてホワイテイア（*Whiteia*）が挙げられよう（図31）。ここに示したカナダ産のホワイテイアの一種（*Whiteia sp.*）はほかの地域から見つかったホワイテイアより、比較的に大きい種類である。一般にはこれより小さいものが多い。次のジュラ紀の地層からも多くのシーラカンスの化石が見つかっている。特に魚など海生生物の化石がほぼ完全な形で発掘されるドイツのゾルンホーフェン（Solnhofen）から、ジュラ紀や次の白亜紀に棲息して

図 31　シーラカンスの一種，ホワイテイア（*Whiteia sp.*）（上）の化石
下は硬骨魚パラセミオノタス（*Parasemionotus*）の化石．
〔産地：カナダ，ブリティッシュコロンビア州．時代：三畳紀〕
［大石コレクション］

いたシーラカンスの化石が多く見つかってい る。図32に示すのはジュラ紀のシーラカンス、ホロファガス（*Holophagus gulo*）の写真である。細部にわたってシーラカンスの特徴がよく保存されている。ほかにもジュラ紀ゾルンホーフェンの地層からウンディナ（*Undina*）、モロッコ、ブラジルなどのジュラ紀後期から次の白亜紀初期に至る地層から大型シーラカンス、マウソニア（*Mawsonia*）の化石が見つかっている（図33）。マウソニアは今まで見つかったシーラカンスのなかで最大のものである。

中生代の最後である白亜紀の地層からも多くのシーラカンスの化石が世界中で発掘されている。中近東の国、レバノンは白亜紀の魚など多くの水生生物の化石が発掘されるが、

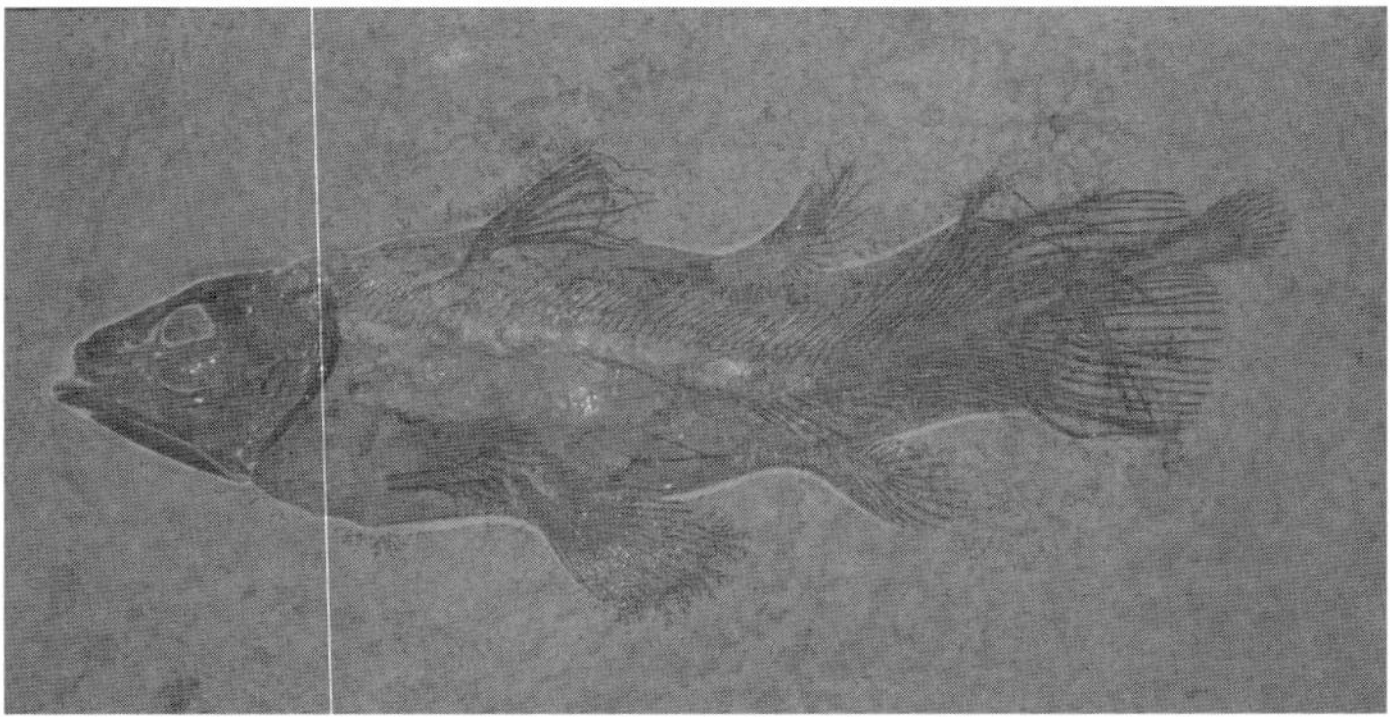

図 32　シーラカンスの一種，ホロファガス（*Holophagus gulo*）の化石
〔産地：ドイツ，ゾルンホーフェン地方．時代：ジュラ紀〕
［大石コレクション］

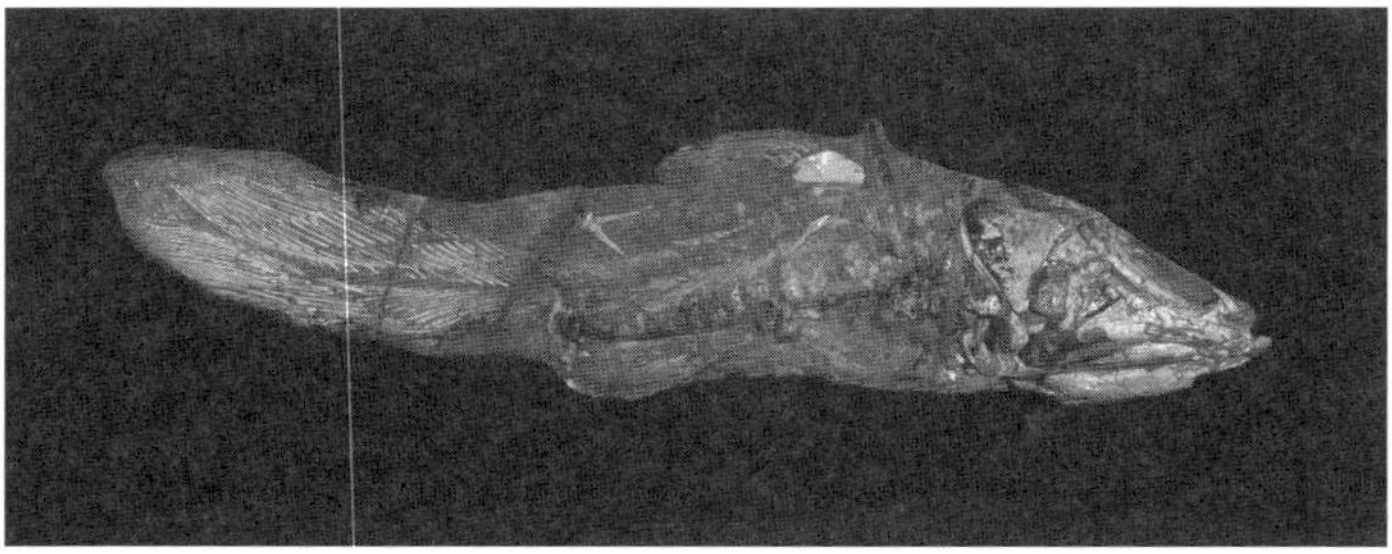

図 33　シーラカンスの一種，マウソニア（*Mawsonia sp.*）の化石
〔産地：ブラジル，アラリペ地方．時代：白亜紀〕
［籔本美孝氏提供］

図34　シーラカンスの一種，マクロポモイデス（*Macropomoides orientalis*）の化石
〔産地：レバノン，ハーケル地方．時代：白亜紀〕
［大石コレクション］

シーラカンスの一種マクロポモイデス（*Macropomoides orientalis*）の化石がよく保存された形で見つかっている（図34）。また、ブラジルの東北部、アラリペ（Araripe）地方にある約1億1000万年前のサンタナ（Santana）層は、同じ地域のこれよりやや古い地層であるクラトー（Crato）層とともに白亜紀中期の動植物の化石がきわめてよい保存状態で見出され、特に魚類化石は立体的に化石として残っている。この地方から発掘されたマウソニアに次いで大きなシーラカンス、アクセルロディクチス（*Axelrodichthys araripensis*）を示す（図35）。

シーラカンスのゲノムが解読された

ＤＮＡの解析技術の急速な進歩によって、すでにヒトをはじめとして数千種の生物のゲノムＤＮＡの構

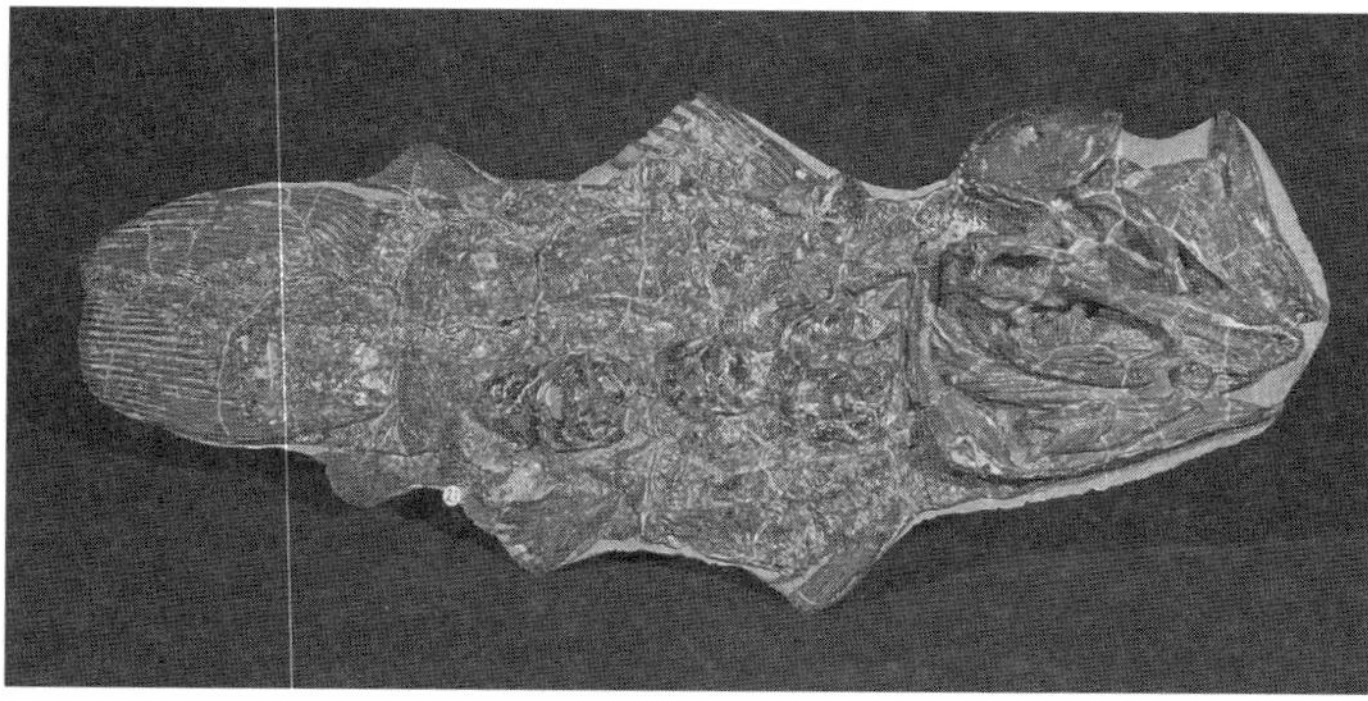

図35　シーラカンスの一種，アクセルロディクチス（*Axelrodichthys araripensis*）の化石
〔産地：ブラジル，アラリペ地方．時代：白亜紀〕
［大石コレクション］

造、すなわちそれを構成する4種の塩基の並び方が端から端まですべて明らかにされた、すなわち解読された。現在我々が名前をよく知っている動物、植物、微生物については、ゲノムＤＮＡが極端に大きい一部の生物を除いて大部分は、解読されているか、解読中、またはその予定になっている。さて当然のことながら、シーラカンスの多くの謎を解くためにも、少なくともそれを解く手がかりを得るためにも、シーラカンスのゲノムＤＮＡの解読が望まれていたが、２０１３年、シーラカンスのゲノムがとうとう解読された。我が国の東京工業大学、国立遺伝学研究所などのグループとアメリカのグループ（ブロード研究所など）が相次いで現存の2種のシーラカンスのゲノムＤＮＡの解読に成功したのだ(14)。シーラカンスのゲノムＤＮＡの一部の遺伝子についてはすでに解読されていたが、全ゲノムＤＮＡが初めて解読されたのだ。そのハイライトをいくつか紹介したい。

まずゲノムＤＮＡに存在する遺伝子の数はどうであろうか。シーラカンスの遺伝子の総数は約２万４０００であり、これはヒトの遺伝子数（約２万１０００）とほぼ同数である。ちなみにメダカ（medaka）では遺伝子数は約２万、同じく実験用のモデルとしてよく使われているゼブラフィッシュ（zebra fish）では約２万６０００である。現在多くの生物のゲノムＤＮＡの解読が進んでいるが、遺伝子の数を比べると、バクテリアや微生物では数千〜１万、高等動植物では２万前後の生物が多い。前にも述べたが、遺伝子の数はその生物が生きていくために必要なさまざまな機能の複雑さを反映していると考えてよい。さてシーラカンスの遺伝子の中身をみると、もちろん魚類に一般的に見出される遺伝子もあるが、それ以外に四肢を持つ動物のゲノムＤＮＡに存在する遺伝子が２００以上見つかった。これらの遺伝子のなかには、動物の四肢の形成に関わっている遺伝子ときわめて類似している遺伝子もある。

高等動物の遺伝子の数はある範囲内に収まっているのに対して、ゲノムＤＮＡの大きさの幅はきわめて広い。哺乳動物では、ヒトとマウスのゲノムＤＮＡの総塩基数は双方とも約30億であるように、比較的種のあいだで幅が狭いが、魚類についてみると、種によってその幅は相当広い。たとえばフグのゲノムＤＮＡの総塩基数は約４億、メダカは約９億、ゼブラフィッシュは14億と相当な幅があるが、シーラカンスのゲノムＤＮＡはヒトなど哺乳動物に近い約27億もあることがわかった。今まで解読されたどの魚のゲノムDNAより大きい。さらに、いまだ解読されていないが、シーラカンスと同じようにやはり太い根元のひれを持った肺魚のゲノムDNAの大きさはさらにこの2〜4倍、たとえば、アフリカ産肺魚は約50億、南米産肺魚は約110億もあるという。このように魚類では哺乳動物と対照的にその種類によってゲノムDNAの大きさは10倍以上の違いがあることは、生物進化におけるその意義を考えるうえで興味深い。特にシーラカンスや肺魚がこのような魚にしては巨大なゲノムDNAを持っていることは、魚として必要不可欠なゲノムDNA以外に、一見余計なゲノムDNAを持っていることになる。この意味については4章で議論する。

さて、シーラカンスが我々の興味をそそるのは、太い根元のひれの存在が我々の四肢の原型であり、シーラカンスこそが初めて陸に上がった魚ではないか、すなわち我々の祖先はシーラカンスであるとも思えるからだ。しかし、当時同じように太い根元のひれを持った魚はシーラカンスだけではなかった。生ける化石である肺魚の祖先もそうであった。肺魚は数種ではあるが現に地球上に存在している。

では、シーラカンスと肺魚とどちらが我々の祖先として近い関係にあるのであろうか。ゲノムの解読の結果は、シーラカンスのファンには残念なことだが、肺魚の方が我々高等動物とそのゲノムDNAの構成が似ていることが明らかになった。したがって、図36に示すように種が確立し

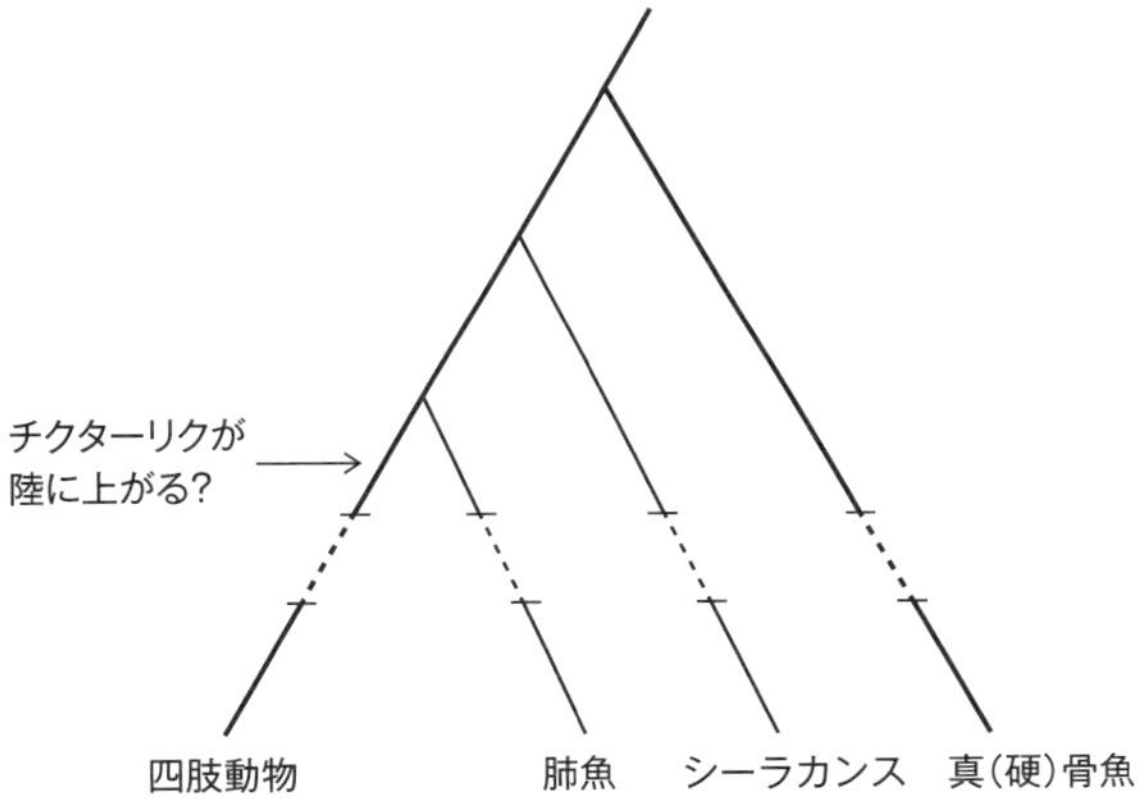

図36　シーラカンス，肺魚，四肢動物の系統樹

ていく道筋(系統樹)を描くとシーラカンスの方が早く我々と袂を分かち、それから約3500万年後に肺魚が独立の道を歩み始めたことになる。実は、従来の両者の遺伝子を比較した研究でも、肺魚の方がより我々に近い、言い換えれば、進化の歴史のうえで、我々の祖先とともにしてきた時間が長い、と考えられてきたのだが、今回の結果はその説を裏付けるものとなった。もちろん、結論は肺魚のゲノムDNAの解読を待たねばならないが、肺魚のゲノムDNAはものすごく大きく、現在の技術でもシーラカンスのように完全解読するのは相当難しいので、最終的な結論はしばらく待たねばならないであろう。

さてシーラカンスのゲノムの解読の結果、意外なことが判明した。生物は長い進化の過程でそのゲノムDNAの中の塩基がほぼ一定の頻度でほかの塩基に変わっていく。しかし、シーラカンスの場合、どうもその変わる頻度がほかの生物に比べてかなり低い。したがって、遺伝子から作られるタンパク質のアミノ酸の変化の頻度もほかの生物に比べて相当低いことがわかったのだ。また、長い時間軸のあいだで起こるゲノムＤＮＡの大幅な再構成（rearrangement）の頻度もほかの類似の動物に比べてかなり低い。このために、シーラカンスが長いあいだ形態が変わっていない生ける化石であるとの説明も成り立つが、ほんとうの理由については憶測の域を出ない。シーラカンスが棲む比較的深い海という環境や、またシーラカンスの特異な生活様式のため、遺伝子が変化する条件やその必要性がなんらかの理由で低かったとも考えられる。ちなみにシーラカンスと同様に、四肢動物の祖先ではないかと言われている肺魚の場合は、このような塩基の置き換わる速度がほかの生物に比べて特段遅いことはない。

このほか、我が国とアメリカのグループが注目したのはホックス（Hox）遺伝子と呼ばれる特別の遺伝子群である。この遺伝子ははじめショウジョウバエ（*Drosophila*）という遺伝学の実験に使われるハエにおいて見つかった、手足の発生に深く関わっている一群の遺伝子である。もしシーラカンスの異常に太い根元を持ったひれが我々の手足の原型であるのなら、シーラカンスのホックス遺伝子を調べることによって四肢の出現に関する謎を解くためのなんらかの手がかりが得られるのではないかと期待されたのであった。

ホックス遺伝子からできるタンパク質は、手足の発生により直接的に関わる一連の遺伝子に結合して、そのタンパク質の生産を促している。このように遺伝子からのタンパク質の生産を促す、すなわち遺伝子を活性化する一群のタンパク質を転写因子（transcription factor）と呼ぶが、ホックス遺伝子は典型的な転写因子を作る遺伝子である。やや専門的になるがホックス遺伝子からできるタンパク質（転写因子）は共通して60個のアミノ酸からなる部分があるが、この部分（ホメオドメイン）が、手足の発生により直接的に関わる多くの遺伝子に結合して、その遺伝子を働かせて（活性化させて）最終的に手足の発生に至ると考えられている。

ショウジョウバエでのホックス遺伝子群はよく似た塩基配列を持った9個の遺伝子がゲノムDNAのある特定の場所に直線的に固まって並んでいる（図37ａ）。興味深いことに、これらの遺伝子のゲノムDNA上の並び方はハエの手足の前後関係、すなわちその空間的位置関係と対応している。そのため、ホックス遺伝子の並び方を人工的に変えるとハエの手足の並び方も変わる。これによって本来は触角のある位置に足が生えているハエを人工的に作ることもできる。ホックス遺伝子はハエ以外にも、我々ヒトを含めた動物はもちろん、類似した遺伝子は酵母や植物にも見つかっているので、生物の体の構造の基本を決めるのに深く関与しているとされている。また手足に異常がある遺伝病の原因を探るためにゲノムDNAを調べると、そのいくつかはホックス遺伝子の塩基の並び方に異常があることもわかっている。

ハエでは9個であったホックス遺伝子は、ほかの生物ではその数が増えている場合が多い。ヒトなど四肢のある動物ではホックス遺伝子の数はハエの約4倍あるが（図37ｂ）、よく調べる

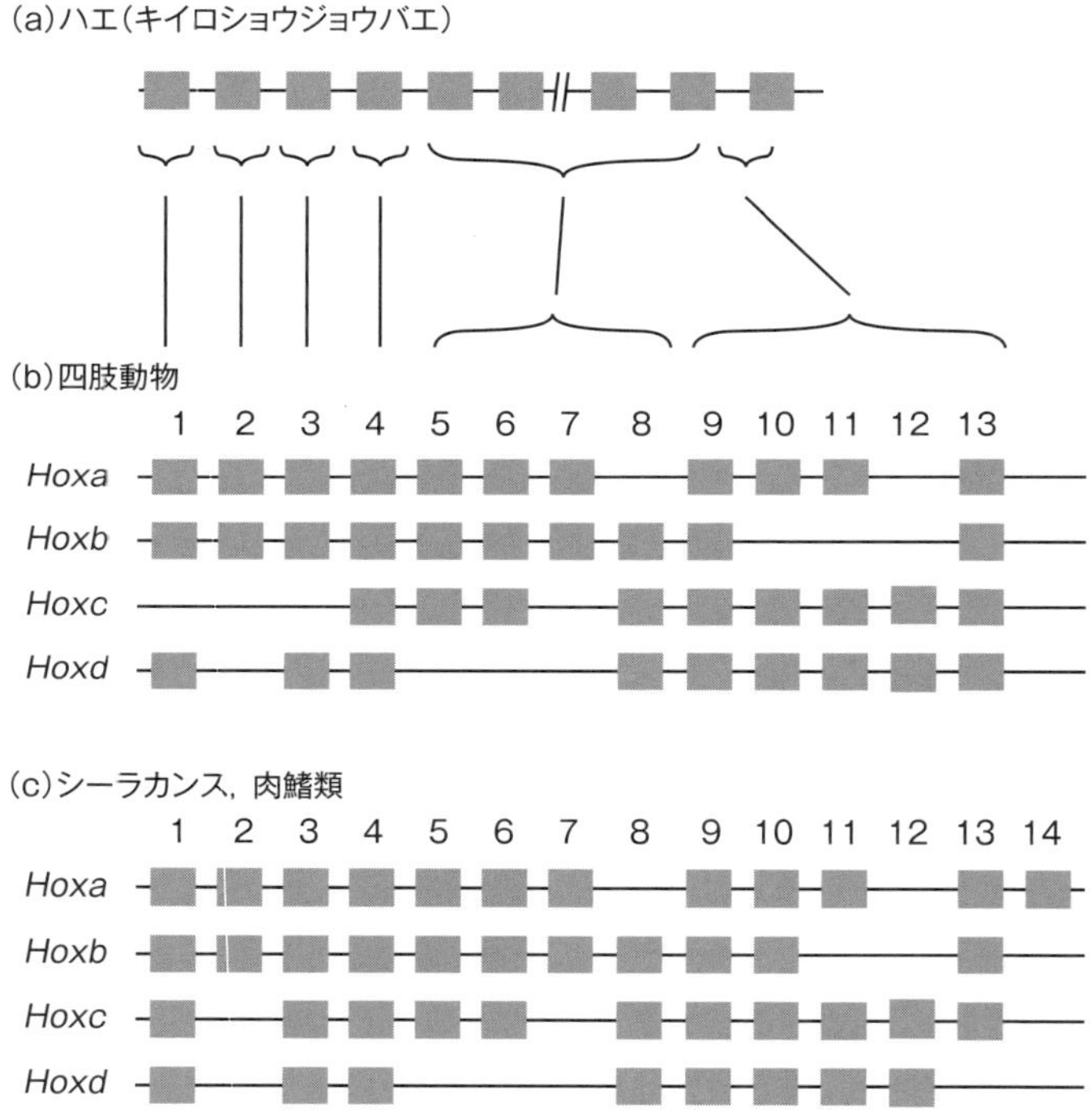

図 37　ショウジョウバエとシーラカンスのホックス遺伝子
各ボックスはゲノム DNA に存在するホックス遺伝子の位置を示す．
[ミヤケツトム，生物の科学 遺伝，68，261，263（2014）をもとに作成]

と、どうやらハエの持っている9個の遺伝子群が4倍に重複しているらしい。後で詳しく述べるが、このような遺伝子の重複は生物の進化の歴史においてよくみられる現象で、4倍に重複していることは、ゲノムDNAのある部分が、局所的にまず倍になり、さらにもう一度倍になり、結局4倍になった、重複が2回起こった結果と考えられよう。

さてシーラカンスのホックス遺伝子はどのようなものであったのだろうか。図37cにみられるように、ヒトなど四肢を持った動物と同じく4倍に重複しており、合計42個のホックス遺伝子群から成り立っている。それを四肢動物のホックス遺伝子群（図37b）と比べると、ほとんどの遺伝子は共通に存在している。しかしシーラカンスには、四肢動物には存在しないで、魚類に共通に存在しているホックス遺伝子もあるし、その逆に、魚類にはなく四肢動物には存在するあるホックス遺伝子はシーラカンスにも存在している。すなわち、シーラカンスのホックス遺伝子群は魚と四肢動物のホックス遺伝子群の両方が共存しており、両者の中間の性質を持っているとも言えよう。しかし一般的に言って、シーラカンス、四肢動物、一般の魚類のあいだでホックス遺伝子群はかなりの部分が、共通に保存されており、魚類から陸地へ上陸し四肢動物へ進化した過程でも、そのまま残されていたと考えられる。

さて、ホックス遺伝子群以外の遺伝子をみると、シーラカンスには存在するが四肢動物では失われている遺伝子が少なくとも50ある。当然のことながら、これらの遺伝子は魚類としては必要であったが、陸上に棲む四肢動物では不要になり、失われたと考えられる。

ほかにシーラカンスに見つかった興味ある遺伝子群として、においを認識する嗅覚（受容体）遺伝子群がある。動物にはあまねく、においを認識する、すなわち嗅覚に関する遺伝子があり、ヒトの場合は約４００の遺伝子からなる嗅覚（受容体）遺伝子群がある。この遺伝子群の一つの遺伝子からできるタンパク質が空気中にただよう分子と結合すると、それを特定のにおいとして認識する。動物によっては１０００以上の嗅覚（受容体）遺伝子群を持っている場合があるので、当然ヒトより多くのにおいを嗅ぎ分ける事ができると考えられる。魚にも同じような遺伝子が、水中に溶けている物質を認識、見分けるために存在する。魚が陸に上がった場合当然、空気中に存在するにおいの分子を認識、区別することが必要で、そのためには水中で使っていた嗅覚に関する遺伝子群を陸上向けに変えるか、新しく陸上向けの嗅覚に関する遺伝子群を作り上げなくてはならないだろう。さてシーラカンスのゲノムＤＮＡの解析の結果はどのようなものであったのだろうか。実はシーラカンスには水中の分子を認識する遺伝子群に加えて、現在の動物が持っている空気中の分子を認識する遺伝子群と似た遺伝子群も持っていることがわかった。(15) 水中に長いあいだ生活してきたシーラカンスがどうして空気中の分子を認識する遺伝子群を持っているのか、これは興味ある問題である。しかも、空気中のにおいの分子を認識するシーラカンスの遺伝子群はいまでも機能するようなものであるという。通常、太古に使われたがその後使われなくなった遺伝子は塩基の置換などの変異が蓄積し、機能を失い、過去の遺伝子の残骸、名残り、としてゲノムＤＮＡに残されている場合が多い(16)。この一見矛盾した事実は、いろいろな解釈があろうが、シーラカンスに見つかった空気中のにおいの分子を認識すると思われた遺伝子群は実は水中に溶けている物質をも認識、見分けることができ、魚類が陸上に上がる前から、使われており、逆に、陸上に上がった動物が、これらの遺伝子群を、空気中のにおいを見分けるために使っているとも解釈できる。

コラム：遺伝的多様性と生物の絶滅

ゲノムＤＮＡを調べると、生物種が実際に地球から姿を消す前にその兆候が現れる。先に、西インド洋のシーラカンス、特にコモロ諸島沖の多くのシーラカンス個体間の遺伝的多様性が失われつつあることが憂慮されると述べたが、この背景についてもう少し説明したい。一般に、同じ種の生物のゲノムＤＮＡの塩基の配列を比べてみると、ほかの種の個体との差ほど大きくはないが、個体間で少しずつ異なっている。すなわち、生物個体個体のゲノムＤＮＡには多様性があるのだ。我々ヒトでも個人個人のゲノムＤＮＡを比べてみると、同じ性の個人間でもおおよそ１０００塩基中１

個の割合で違いがみられる。ヒトの塩基は総数約31億もあるから、約1000塩基中1個の違いといっても全ゲノムDNAの中には300万塩基以上の違いがあることになる。この違いが我々の顔つきや性格の違いの原因になっているのである。一卵性双生児を除いて、ゲノムDNAの違いのパターンがまったく同じ人物は地球上に統計上まずいないから、この違いを目印にしたDNA鑑定は犯罪捜査などに広く使われている。

もし、ある生物のポピュレーション（生存数）がなんらかの理由で少なくなると、この同じ種間でみられるゲノムDNAの塩基の違い、すなわちその遺伝的多様性が失われることになる。なぜなら、生物の生存数が少なくなると、交配する対象が限られてくる。もし限られた相手と交配せざるを得なくなると、時を経るごとに、多様だったDNAのパターンがすべて似たようなもの、極端に言えば一つのものに収束してしまう。これをヒトにあてはめると、結婚のとき、相手を選べなくて、親子兄弟姉妹で近親結婚せざるを得ないのと同じことである。人間の知恵として、近親結婚を避けるのはすでに常識になっているが、近親結婚では、一対の遺伝子のうち今まで正常な遺伝子の陰に隠れていた生存にマイナスに働く遺伝子が、一対両方ともマイナスに働く遺伝子になったり、今まで生存に有利に働いていたさまざまな遺伝子の組み合わせ、すなわち多様性が失われたりするからである。こうなると、当然ながら遺伝的多様性を持った生物に比べて、さまざまな環境の変化に対応できなくなる。このように、DNAの多様性がビンの口の形のように小さくなることを、ポピュレーション・ボトルネック（population bottle neck）という。いったん、ポピュレーション・ボトルネックを経験した生物が、その生息数がたまたま増加に転じても、集団として遺伝的多様性が失われているから、新しい環境に遭遇した場合、その適応する能力が著しく減少することになり、いずれは滅亡への道をたどることすら考えられる（図）。現存するシーラカンスの遺伝的多様性が失われていることがシーラカンスの生存にとって憂慮されると述べたのには、こうした生物学的背景があるのだ。

このように、ある生物の棲息数が少なくなり、遺伝的多様性を失い、交配する相手が限られた結果、その生存にマイナスな徴候を示すようになる実例はたくさんある。たとえば動物園では近親交配の結果、生まれた子の幼年時の死亡率が増加したり、精子数の減少や変形、病気への抵抗性が失われることなどが報告されて

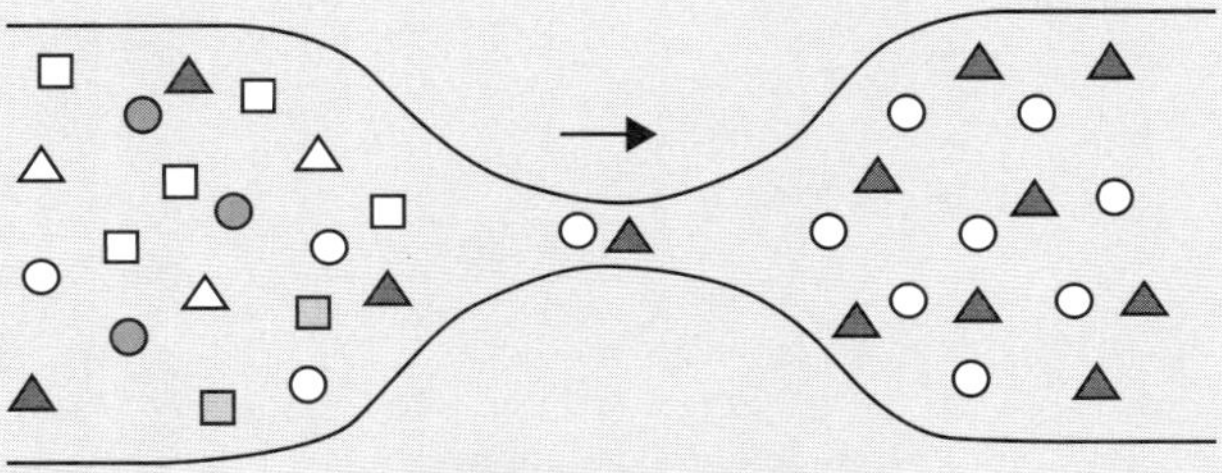

図　遺伝的多様性のボトルネック
遺伝的多様性をボックス内の模様で表す.

いる。こう考えると、生物種の生存には必要な一定の生存数、すなわち、最低必要数、クリティカル・マスがあると考えるべきであろう。もちろん、その数は生物種やその棲んでいる環境によって異なる。乱獲を止めると比較的早く棲息数が回復する生物もあるし、北大西洋のタラや南極のシロナガスクジラのようにここ数十年の捕獲制限にもかかわらず、依然としてその数が回復しない場合もある。これはおそらく、過去の乱獲によって、棲息数の回復に必要なゲノムＤＮＡの多様性がすでに失われているからではないかと考えられる。もしそうだとすると、これらの種の棲息数を回復させるのはきわめて困難であると言わざるを得ない。

逆にある生物の種のなかでゲノムＤＮＡに多様性があると、特に環境の変化があったときに、それに応ずる手段がそれだけ多いことを意味する。ゲノムＤＮＡに多様な遺伝的な背景があるから、そのなかのどれかが新しい環境に適応できる可能性があるからである。生物学では、遺伝的背景が異なった生物と交雑した場合、その子孫は環境への適応性が増大する雑種強勢（heterosis）という現象も知られている。おそらくはＤＮＡの多様性が増し、さまざまな環境への適応力が増すことが原因であろう。

第4章　DNAから進化の謎を解く

進化の分子時計とはなにか

生物の形態から生物を整理、分類するとすべての生物は大きく分けて二つのグループのどちらかに分類されると考えられていた。第1のグループはただ一つの細胞（単細胞）からなる生物、バクテリア（bacteria）である。バクテリアには、DNAはもちろん存在するが、それらは細胞内に分散して存在し、DNAが局在する核を持たない。したがってこれらの生物は核を持たない生物、原核生物とも呼ばれる。原核生物は自身の細胞の分裂によってのみ、子孫を増やしていく。第2のグループはDNAが局在する核を細胞内に持つ生物（真核生物）である。そのなかにはバクテリアと同様に細胞分裂によって子孫を増やしていく酵母やアメーバのような単細胞生物もあるが、動物や植物のように多くの細胞が集まって成り立っている生物（多細胞生物）もこのグループに含まれる。このように、細胞に、顕微鏡の下で容易に見分けられるＤＮＡが局在する核を持つか、持たないかによって生物は大別されてきた。

さて、ここ20～30年、ゲノムＤＮＡの塩基の並び方を明らかにする（ゲノムを解読する）技術が急速に進歩し、今や、バクテリアのような簡単なゲノム（といっても数百万の塩基が並んでいるのだが）の解読は数日もあれば十分であるほどゲノムの解読は簡単になった。その結果、今や数千種の生物のゲノムが解読され、それらはデータベース化されている。さて、これら多くの生物のゲノムの解読の結果、従来の形態から分類された二つのグループの生物にはおのおの特徴のある塩基の並び方があることがわかった。すなわち、従来の細胞にゲノムＤＮＡが局在する核を持つか、持たないかによる二つの生物グループの分類がゲノムＤＮＡの解読からも確認されたのである。

しかし、ゲノムＤＮＡの解読によって新しく明らかになったこともある。それはどうもこれら二つのグループに属さない第３のグループの生物が存在することである。この新しい第３のグループの生物は単細胞であり核を持たないことから、当初にバクテリアと同じような生物（原核生物）と考えられていた。しかし、そのゲノムＤＮＡの塩基の並び方を調べてみるとどうみても、バクテリアのような原核生物ではなく、むしろ動物や植物に近い。また細胞内でＤＮＡやタンパク質を作る生物の基本的なメカニズムなどもバクテリアとは異なる。また、この生物は海の海底火山の近くなどの高温できわめて厳しい条件のもとに棲息していることが多い。形態を重んじる古典的生物学者からの批判はあったが、現在はこの種の生物に古細菌またはアーキア（archia）という名前を与え、生物界の第3のグループとして分類している。すなわち地球上の生物には大きく分けて三つのグループが存在することになる。なぜ、古細菌という名前をつけたかというと、これらの生物はきわめて古い時代に独立してそれ自身の進化の道を歩んで来たことが明らかになったからである。

上に述べたのは生物を大まかに分ける作業であるが、さらに個々の生物を詳しく分類し、お互いの近縁関係やその由来（系統）を調べる場合も、その生物のゲノムＤＮＡの情報が基礎になる。原理は簡単で、たとえば何種類かの生物からＤＮＡを取り出し、そのＤＮＡの塩基の並び方を比べ、もし並び方に共通性があれば、同じ共通な祖先を持っていたと推定する。この結果、見かけ上遠い類縁関係にあると考えられていた生物も、意外に近い関係にあることが明らかになったり、またその逆の例もいくつかある。たとえば外見上まったく異なるカバとクジラはゲノムＤＮＡの塩基配列に類似した部分が多いことから、従来考えられていたよりもはるかに近縁であることが明らかになった[17]。

さまざまな生物を、形、姿をもとに分類したり、その祖先を類推したりすることは、18世紀のスウェーデンの自然科学者リンネ（C. von Linne）が始めたものであり、今までの生物の分類、系統研究の基本であった。しかし、リンネの名誉のために言っておくと、彼の分類方法によって得られた現在の生物の分類は、新しいゲノムＤＮＡによる分類の結果からみても、いくつかの例外はあるが、大筋ではほぼ正しい。すなわち彼の分類がゲノムＤＮＡの研究から確認されたと言える。

しかし、ある生物の過去の歴史、すなわちその由来を調べるとき、たとえば似かよった2種の生物が同じ生物として進化してきたが、今から何年前におのおの別の種として独立の道をたどってきたか（系統）を知りたいときなど、従来の形に頼る研究方法はおのずと限界がある。このような問題の解決にはゲノムＤＮＡの解読はきわめて有効である。現に今までわかり得なかった生物の過去の進化の道筋を、特に時間軸も含めて、ほぼ確実に類推することができるようになったのだ。すなわちある生物のゲノムＤＮＡをその生物の過去の歴史を探る時計（分子時計：molecular clock）として使うのである。

分子時計の応用として、一例を挙げると、ある生物が過去いつ頃その種として類縁の生物から袂を分かち独立の道を歩みだしたか、その時期を推定することができる。ここでＤＮＡを分子時計として使う原理について簡単に説明しよう。まず進化の観点からもっとも重要な点は、ゲノムＤＮＡの塩基の変化はその生物が誕生してから、すなわち種として確立してから時間が長ければ長いほど変化の度合いが大きいことである。子孫に遺伝物質を伝える生殖細胞にあるDNAはいつも外界からの化学物質や放射線、さらには複製の際のエラーなどによって、塩基がほかの塩基に変わるような変化が引き起こされる可能性に晒されている。しかし、通常はその変化をもとに戻す、修復する機能が細胞にはあるので、親の遺伝子はそのまま変化せず子孫に伝えられていく。しかし、きわめてまれに（何万年、何十万年に一回）修復されないで変化が起こってしまうことがある。その原因はさまざまであろうが、この変化の頻度は統計的にみれば一定の間隔で起こることから、ある遺伝子の塩基の変化の度合いからその生物がいつ出現したのか、いつほかの種から分かれてきたのかが推定できる。

具体的に例を挙げる。ここにA、B、C、3種の生物がいるとする。これら生物のある共通の遺伝子のある一部のDNAの塩基の並び方は次のとおりだったとする。

生物A：CGACGCATTCCGCCACTTACGACTATAGAGT

生物B：CGAAGCACTCCGGCACTTACGGCTATCGAGT

生物C：CGAAGCATTCCGGCACTTACGGCTATCGAGT

（この場合、Aはアデニン、Gはグアニン、Tはチミン、Cはシトシンを指す）

これを比べると、これら3種の生物はこのゲノムDNAの部分でよく似た塩基の並び方をしている。よく見ると、まず太字で濃く示した4箇所の塩基は、生物BとCでは共通だが生物Aとは異なっている。いっぽう、太字で薄く示した1箇所の塩基については、BとCのあいだで異なっている。これを単純に解釈すると、A、B、Cとも共通の祖先より由来した生物だが、BとCがAより互いに共通な塩基の配列が多いことから、進化の過程で3者のなかでまず生物Aが分岐して、BとCはしばらく共通の道筋を歩んだが、ある時期で袂を分かちその後互いに独立の道を歩み現在に至ったと推定できる。太字で薄く示した塩基はBとCが分かれてから、現在に至るあいだにBに起きた塩基の変化（TからC）と考えられる。

さらに、その変化した塩基の数を目印に、ある生物が過去に分かれてから現在に至る時間も推定できる（図38）。BとCとのあいだにみられた変わった1個の塩基はBがCと分かれてから現在に至るある時点で起こったと推定されるが、CにはBと同じ時間を経たにもかかわらず、そのような変化はみられない。すなわち、両者がおのおの過ごした時間の合計中に一回のみ変化が起こっている。もし一つの塩基の変化が50万年に一度起こると仮定すると、この結果からBとCは25万年前に分岐したと考えるのが妥当であろう。もし、Cにも変化が起こっていたとしたら、両者は50万年前に分岐したと推定できる。いっぽう、AにはBおよびCと比べて4個の違った塩基があるが、これらの塩基の変化が、BとCから分岐してから、Aが独立して歩んだ期間（図38

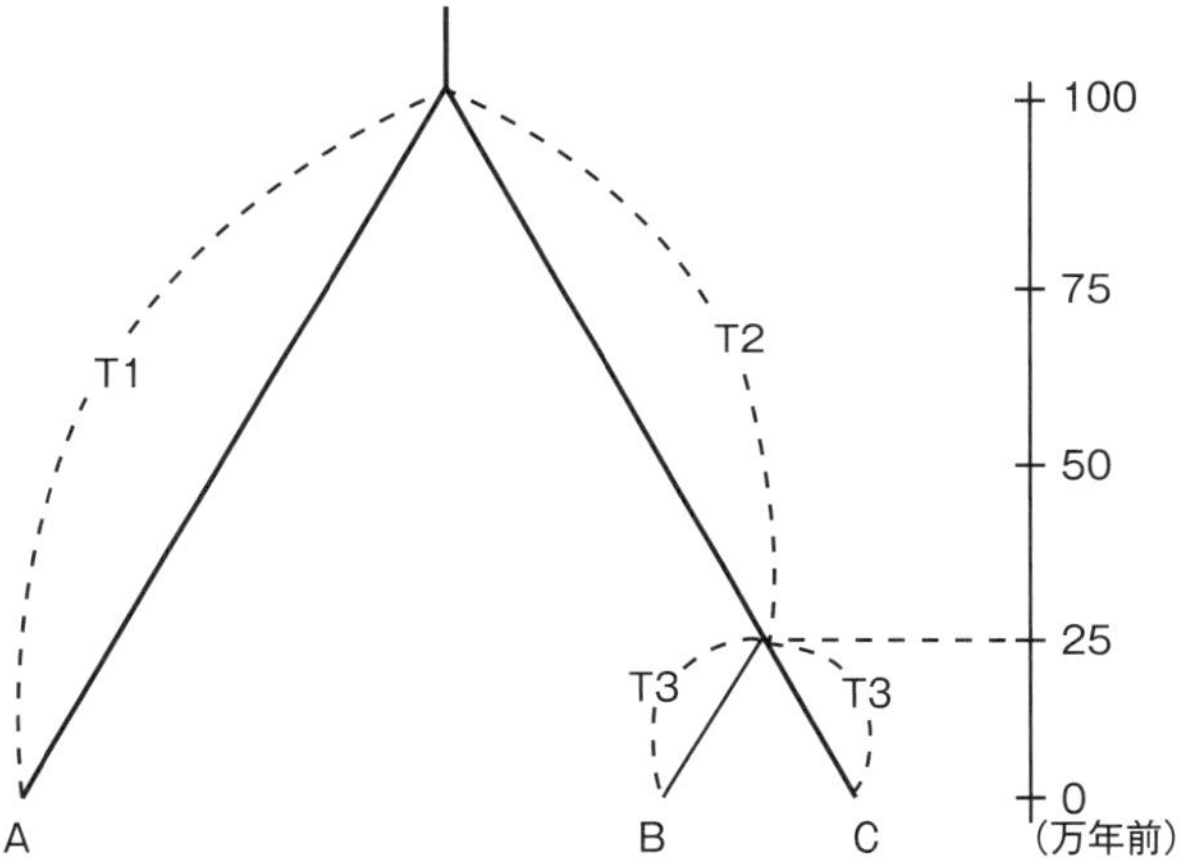

図 38　分子時計の概念図

図において，A が独立して歩んだ期間を T1，B と C が共通であった期間を T2，B と C が独立して歩んだ期間を T3 と表す．

T1）とBとCが共通であった期間（図38T2）とBとCが独立して歩んだ期間（図38T3）の合計の時間のあいだに起こったと推定できるから、AがB、Cと袂を分かった時期は今から100万年前（50万×4÷2）となる。[18]

　このような分子時計を使って、その生物の祖先が存在した時代を推定できる。分子時計によると現存する生物の最終的な祖先は、ほとんどすべて先カンブリア時代に行き着く、すなわち収斂《しゅうれん》される。最近の研究によると、動物、植物、菌類などの真核生物は約16億年前の先カンブリア時代に共通な祖先から分かれていることが確認されている。だから我々ヒトの祖先も約16億年前にさかのぼることができる。さらに約16億年前に独立して進化の道を歩み始めた真核生物から、現在の海綿動物、刺胞動物、有櫛動物類などの祖先が約15億〜12億年前に分かれておのおの独自の進化の道をたどってきたと考えられるし、現在の多くの昆虫などの節足生物は約9億年前に分かれている。またこの計算にはいくつかの仮定が入るが、少なくともカンブリア紀の生物の爆発的増加の原因となる多くの種の原型はすでに先カンブリア時代に準備されていたとの考えを強く支持している。これらをまとめると、まずその正体は不明の原始生命体がシアノバクテリアのような単細胞のバクテリアに進化し、それがカンブリア紀に至る約30億年前までのあいだ、おそらく約16億年前に古細菌や真核生物が分岐して、独自の進化の道筋をたどっていたと結論づけられよう。これは数が少ないながら化石の記録から推定された事実と矛盾しない。

遺伝子は変わる

すでに19世紀において、化石の記録からみて生物は長い長い月日を経て少しずつではあるが環境に適応するように変化（進化）してきたことは、少なくとも自然科学を研究している学者のあいだでは間違いのない事実とされてきた。問題はどのようなメカニズムで進化が起きたのか、すなわち進化の要因であって、これに決着をつけたのがイギリスの生物学者ダーウィン（C. R. Darwin）の進化論である。彼の進化論によると、生物に起きる変化のうち、それによってその生物が環境により適するような変化の場合は、その生物は厳しい生存競争のなかでほかの生物より生き残る可能性が高くなり（適者生存）、いっぽうそのような変化がなかったものは環境に適応するのに不利になり、選択（淘汰）されるというものである。このプロセスの繰り返しによって生物が進化して、新しい種が生まれる。このダーウィンの進化論は、生物の進化自体を認めない人は論外として、今では多くの人に少なくともその大筋の正しさは認められている。ただ、ダーウィンの進化論の発表以来、百数十年、多くの批判や修正した論があったことも事実である。多くの自然科学の説は実験によって証明（または否定）され、いずれ白黒がわかるが、なにぶん過去の生物の進化という実験では再現できないことが論議されるのだから、この論争はおそらく完全には決着がつかないであろう。

このダーウィンの進化論を現在のＤＮＡの知識をもとに解釈してみると、生物に起きた変化とはとりもなおさず、生物のゲノムＤＮＡに起きた変化であり、そのような変化したゲノムＤＮＡから由来する生物の機能がたまたま、従来の機能よりもその生物の生存にとって有利に働いた場合、従来のゲノムＤＮＡに変化のない生物よりも生存競争に打ち勝ち、生き残ることになる。このプロセスを何回も繰り返し、少しずつではあるがゲノムＤＮＡに変化が蓄積し、結果として新しい種として、環境により適応した（進化した）生物が出現する。いっぽう、ゲノムＤＮＡにこのような変化がなかった生物は生存競争に敗れ、その種は淘汰される。ここで言うゲノムＤＮＡ

の変化をより具体的に考えると、あくまで一例だが、ある遺伝子に変化が起き、その作るタンパク質が従来のタンパク質よりも機能がもっと効率的で良くなった場合、そのようなタンパク質を持った生物はこのようなタンパク質を持たない生物より生存に有利になるため、生存競争に打ち勝ち生き残ることになる。我々が目にする生物の進化とはこのような変化の集大成である。

ダーウィンがこの進化論を打ち立てた背景には、ビーグル号に乗って世界のさまざまな土地で自然界の生物の生きざまを詳しく観察した結果、生物はいつもきわめて厳しい生物同士の生存競争に晒されていることに気付くに至った、彼の鋭い観察眼がその根底にあることは言うまでもない。現在の地球上における日頃我々の目にする動植物の多くは人間が管理しているか、その影響下にあり、そこからはこのような生物界の厳しい生存競争の現実から導かれた進化論の概念はなかなか打ち出せないであろう。

さて、化石から多くの高等動植物の進化の歴史をみると、徐々に変化していくような漸進的な進化と同時に、ときには新しい種の出現に至るようなまさに飛躍的、劇的な変化を伴う進化がみられることがある。この両者のあいだに線を引くことはできないが、進化のなかでも、漸進的な進化をミクロ進化（microevolution）、大きな進化をマクロ進化（macroevolution）と呼び両者を区別する場合がある。デヴォン紀の後半に多分シーラカンスや肺魚のような太い根元があるひれを持った魚が、そのひれをさらに進化させ、四肢を持つようになり、陸に上がったとすると、これは典型的なマクロ進化である。

さて、これらの進化をゲノムＤＮＡの観点からみるとどうなるのか少し詳しく述べてみたい。まず進化に影響があるゲノムＤＮＡの変化とはどのようなものがあるのだろうか。先にも述べたが、ＤＮＡは物質としては安定ではあるが、いつも外界からさまざまな影響を受けている。たとえば細胞が放射線を浴びるとＤＮＡに変化が生じる。またある種のＤＮＡに傷をつけやすい物質に触れるとＤＮＡの中の遺伝情報に直接関わる塩基が変化する場合がある。また細胞が分裂するときにＤＮＡも複製されるが、間違って複製されＤＮＡの塩基が変わってしまう場合がある。しかし、これらのＤＮＡの変化は、ほとんどの場合、ほんの一時的なものである。なぜなら生物にはもともとＤＮＡの変化をいち早く察知し、それをもとの状態に戻す、修復する能力があるからである。詳細については説明を省くが、ＤＮＡが2本の分子から成り立っている（二重鎖）のはこの修復に深く関係している。細胞にとってＤＮＡの修復は日常茶飯事なことであると言ってよいだろう。だからＤＮＡは見かけ上、非常に安定な物質のようにみえ、実際細胞内でその構造は常に一定に保たれているのだ。しかし、きわめてまれではあるが、このように完璧とも言える細胞のＤＮＡの修復能力がどうしても及ばない場合がある。修復が見逃された場合とか、場合によっては間違って修復される場合である。一度に大量の遺伝子を変化させる物質に晒された場合、たとえば大量の放射線を浴びたときなど、ＤＮＡの修復能力が追いつかないので、変化が見逃されやすい[19]。

このようにＤＮＡに起こった変化がその子孫に影響を及ぼす、すなわちその生物の進化に影響する可能性があるのは、さらにまたきわめて限られた場合である。たとえばタバコの煙の中には肺の細胞のＤＮＡに傷をつける物質がたくさんある。ほとんどの場合、傷つけられたＤＮＡの変化は修復されるが、長い年月のあいだには、その変化が修復されず、そして運悪くそれが細胞の増殖に関わる遺伝子に起こり、細胞が無秩序に増殖し始めると肺癌の発病となる。しかし、我々の体は多くの細胞から成り立っているが、肺の細胞のようにそのほとんど大部分は子孫を残すことに関係のない細胞（体細胞）である。だから体細胞のＤＮＡに起こった変化が原因である癌は、その当事者にとっては深刻であっても、子孫にはなんら影響は及ばない。親が肺癌で死んでも子供は肺癌になる訳ではない。生物の進化に影響があるのは子孫を残すために必要な精子や卵子など生殖細胞のＤＮＡに変化が起こった場合のみである。

では、ＤＮＡの変化がその生物の進化に関わる場合、すなわち、より複雑な、より高度な生物へと変わる進化に関わるのはどのような場合だろうか。先に述べたように、まずＤＮＡ（遺伝子）に起きた変化が精子や卵子のように子孫に伝えられる細胞のＤＮＡに起きなくてはならない。しかし一般に精子や卵子のＤＮＡになんらかの変化が起こっても、多くの場合は子孫に影響がないか、あってもマイナスの影響がある場合が大部分で、いわゆる生存競争に打ち勝つような

DNAの変化はほとんど起こらない（章末のコラム参照）。しかしきわめてまれに、遺伝子の変化によってその生物がより環境に適応できるようになる場合がある。

あくまで仮定の話だが、たとえば眼の網膜を作り上げる一つのタンパク質の遺伝子に変化が起こり、Aというアミノ酸がBというアミノ酸に変わったタンパク質ができたために、よりはっきりと、ものが見えるようになったとする。この生物はこのような遺伝子に変化がない生物に比べて餌を手に入れる機会が増え、また敵の攻撃を逃れる可能性が増え、結局、生存に有利になったとする。特に生存競争がさらに厳しい環境になったら、この生物はより高いチャンスで生き残るだろう。ほかにもたとえば、地球の環境が変化して一時的に大気中の酸素濃度が著しく下がったとする。酸素は血液中のヘモグロビン（hemoglobin）というタンパク質と結合して体内のさまざまなところに運ばれる。このようなときに、もしヘモグロビンの遺伝子に変化が起きてたまたま酸素に対して以前のヘモグロビンよりも酸素と結合する能力が高いヘモグロビンができたとする。そのようなヘモグロビンを持った生物は、大気中の酸素濃度が著しく下がった環境ではほかの生物に比べてその生存が有利になり、その子孫はその恩恵を受けてより繁栄することになる。これはＤＮＡ（遺伝子）の変化による立派な進化と言える。

ここでは遺伝子の塩基に変化が起き、それによってアミノ酸が変化した結果、タンパク質が質的により環境に適応できるように変わった例を挙げたが、ほかにも量的にタンパク質がたくさんできるように遺伝子に変化が起こって、その生物がより環境に適応できて、生存競争に打ち勝つ場合も当然想定できる。遺伝子からタンパク質ができる場合、多くの場合、その生産量をコントロールしているのは転写因子というタンパク質であるが、この転写因子の遺伝子に変化が起こってより効率的な転写因子ができた場合、それが作用する遺伝子からたくさんのタンパク質ができるようになり、結局、その生物の生存に有利に働く場合などが考えられよう。

ここで挙げたＤＮＡの変化はあくまでランダムなプロセスであり、無数のＤＮＡに起きた変化のなかでたまたまその生物にとって都合の良い遺伝的変化が起こったときに、厳しい生存競争のなかで、その生物はほかの生物より有利になって生き残る確率が高くなっただけの話である。ほとんどのＤＮＡの変化はその結果は生物にとって無関係か、マイナスに働く場合が多い。また言うまでもないが、ＤＮＡに生じる変化は生物の生存とはまったく無関係にランダムに起きる自然現象で、生物の進化に関するなんの意思もない。

では、このようなある遺伝子の変化によって生物の進化がすべてうまく説明されるのだろうか。確かにそれで説明できる進化もある。しかし、前にも述べたように進化とはより複雑な機能を持つ多数の遺伝子を自身のゲノムＤＮＡの中に作り出してきたプロセスであり、その結果としてゲノムＤＮＡのサイズが何百倍、何千倍も増大したわけある。そうすると、当然、このような遺伝子をどう獲得するかが、多くの生物の生き残りのための最大のストラテジー（戦術）であったはずである。そこで次に、このような進化の要因となる新しい遺伝子の獲得について述べる。

新しい遺伝子を獲得する

生物が既存の遺伝子を変える（改良する）だけでは足りずに、新たに遺伝子を必要とする場合、まず問題となるのはそのＤＮＡの供給源（リソース）である。いくら生物が環境への適応能力があるといっても、ある機能を持ったタンパク質を作るための遺伝子を自身のゲノムＤＮＡの中にはじめから作り上げることはほとんど不可能である。唯一可能と思われるのは、すでにあるＤＮＡをどこからか探しだし、それを変えて（塩基の並び方を変えて）なんとか目的の機能を持ったタンパク質を作るように設計し直すことであろう。そうすると、新しい遺伝子のためのＤＮＡの供給源が必要になる。ではどのようなものがＤＮＡの供給源になるのだろうか。そのいくつかを紹介しよう。

新しい遺伝子の供給源としてまず挙げられるのは、既存のゲノムＤＮＡの一部の重複である。重複によって余計になった部分を新しい遺伝子の供給源にあてがうことがあるのだ。特にもともとそこにあった遺伝子からできるタンパク質が新しく必要とするタンパク質とある程度似ていた場合、都合ははなはだよろしい。一例を挙げると、生物に熱などのストレスを与えたときにそれに対応するためにできるタンパク質、熱ショックタンパク質（heat shock protein）はバクテリアから高等動植物まで広く分布しているきわめて普遍的なタンパク質である。実は動物の眼のレンズの役割を果たす水晶体タンパク質の遺伝子の塩基の並び方を調べると、熱ショックタンパク質の遺伝子の並び方とよく似ていることがわかった。これは重複した熱ショックタンパク質の遺伝子が機能上まったく関係のない水晶体タンパク質を生産できるように変化したとすると、もっともよく説明できる。このように遺伝子の塩基の並び方を調べると、その遺伝子がもともとはどのような遺伝子であったのか、どの遺伝子から由来したのか、遺伝子の過去の履歴がわかる場合が多い。このように生物はゲノムＤＮＡを重複させることにより、もともとあった遺伝子を保ちながら、新しく重複して得られた遺伝子をほかの機能を持たせるように転用して、またこれを繰り返すことにより、新しい機能を獲得してきたと考えられる。このようなすでにある遺伝子の転用をコオプション（co-option）と呼ぶ[20]。コオプションには重複なしにすでにある遺伝子そのものを変えて新しい遺伝子として転用する場合と、この場合のように重複した遺伝子の一つを新たな遺伝子機能を持たせ、もともとの機能（熱ショックタンパク質）も温存させる場合とがある。

ではある遺伝子やゲノムＤＮＡ全体がそんなに簡単に重複するものだろうか。ある種の薬物で細胞を処理したりした場合、人工的にゲノムＤＮＡを重複、倍加させることは可能である。しかし一般に生物のゲノムＤＮＡはその構造、大きさ、ともに、安定に保持されたまま子孫に伝えられるので、重複はそう簡単に起こらない。しかし、まれではあるがその一部に重複が起こる。そのメカニズムとしていくつか考えられているが、たとえば一個のＤＮＡが二個になるとき、すなわち、ＤＮＡの複製のときに、ゲノムＤＮＡの一部、または全部が余計に間違って複製され、そのまま残ってしまう場合がある。また二つのゲノムＤＮＡが組換えをする（遺伝子を交換する）とき、正常の組換えのように両者の同じ場所で組換えが起こった場合は両方のＤＮＡの大きさは変わらないが、たまたま異なった場所で組換えが起こった場合は、組換え後、一方のＤＮＡは前より大きくなり、他方は小さくなる。この大きくなったゲノムＤＮＡには当然ゲノムＤＮＡが重複していることになる。また、やはりまれではあるが、ある遺伝子の重複のみならず、生物のゲノムＤＮＡ全体がすべて重複することもある。特に植物では、我々の食料になるコムギなど全ゲノムＤＮＡが何倍にもなっている例（多倍数性：polyploidy）がいくつかある。ヒトなど脊椎動物の場合でも、過去全ゲノムＤＮＡの重複があったとする説も有力である。また、ほかの機能に転用されなくても、遺伝子が複数あることによってそれが果たす機能がさらに洗練され複雑な働きを可能にすることも十分に考えられる。先に述べたようにハエでは1コピーしかないホックス遺伝子群は高等動物では多分2回の重複によって4コピーもあるが、それによって四肢の発生、発達が高度にコントロールされるようになっている。

最近注目されている新しい遺伝子の供給源がある。多くの生物のゲノムＤＮＡの解読の結果、ほとんどすべての高等動植物には、本来のＤＮＡとは似ても似つかないＤＮＡの配列（塩基の並び方）があることがわかった。全ゲノムＤＮＡの半分以上を占めていることも珍しくない。シーラカンスにももちろんあった。このＤＮＡ配列の特徴としては、ある決まった塩基の並びが繰返しみられることである。この塩基の並び方を一般に反復配列（repeated sequence）と呼ぶが、この反復配列が、進化にとって重要な遺伝子の供給源になっていることが明らかになってきた。高等動植物のゲノムＤＮＡにはいくつかのタイプの反復配列があるが、そのうちの大部分は、トランスポゾン（transposon）とレトロポゾン（retroposon）と言われる配列から成り立っている。両者とも比較的少ない数の塩基が並んでいるＤＮＡの構造（配列）であるが、そのコピー数が莫大なため全ゲノムの大きな部分を占めているのである。これらの反復配列の起源（ある種のウイルスなど）についてはここでは述べないが、これらは一般に生物にとって無用な「ジャンクＤＮＡ」とか、その配列自身の保身だけのためにある「利己的ＤＮＡ」とも呼ばれてきた。しかし、最近の研究から、実はかなりの遺伝子がこの反復配列ＤＮＡから由来していることがわかってきた。たとえば哺乳動物の進化において、きわめて重要な役割をした胎盤を作る遺伝子はその起源を探ると、ある種の反復配列を持ったＤＮＡから由来している(21)。すなわち生物はこのようなＤＮＡ配列を新しい遺伝子の供給源として利用してきたのだ。また、このような、同じような塩基の配列がゲノムＤＮＡ上にあちこち散在しているとなると、それらの似た塩基配列のあいだでＤＮＡの組換えが起こる可能性が高くなり、これがゲノムＤＮＡの重複や再構成の要因になる、すなわち進化にとって重要なゲノムＤＮＡの流動性をもたらす一因になると考えられる。ここで言うゲノムＤＮＡの流動性とは、種を保つために必要なゲノムＤＮＡの安定性を打ち破ってでも、与えられた環境の下でその生き残りを賭けて、自身のゲノムＤＮＡを変えていくという作業の前提になる条件の一つであると言えよう。

マクロ進化とは

シーラカンスなどの魚類にみられる太い根元があるひれや、チクターリクにみられる不完全ではあるが歩行できるような四肢といった大きな器官が発生するマクロ進化が起きるためには、一つの遺伝子に起きた変化では不十分で、多くの遺伝子の関与が必要であろう。先にも述べたが、現在のＤＮＡの研究ではこれらの四肢などを作るためには少なくとも数百の遺伝子が関与していると考えられている。これらの遺伝子群をコントロールしている遺伝子（ホックス遺伝子）さえ数十ある。そのため、このように生物が劇的に進化するにはごくまれに起こるほんの一つか二つの既存の遺伝子の変化だけでは無理で、少なくとも数十、多分数百の新しい遺伝子がほぼ同時に作り出されることが必要である。たとえ四肢を作るのに必要な数百の遺伝子のうち一つの遺伝子が万一できたとしても、それだけではもちろん四肢はできないから、その生物の生存になんら有利に働かない。よって、その生物が生き残ってその遺伝子も保存されていく可能性はない。すなわち、いったんできあがった組織や器官を徐々に改良していくことは比較的簡単だが、いくら何億年の月日があってもすべてを一挙に作り出す確率はゼロに近い。こう考えると、四肢ができるような劇的な進化に必要な新しい一群の遺伝子がどうしてできあがることが可能だったのか、この点がダーウィン以後の進化論の大きな課題の一つであることは納得できる。

この問題を説明するのに、現在もっとも受け入れられている考え方、概念は先に述べた既存の遺伝子群の転用（コオプション）というコンセプトである。シーラカンスを例にとって説明しよう。前にも述べたがシーラカンスのような魚が陸に上がるためにはいくつかの根本的な変化がその遺伝子に起きなくてはならない。四肢の発達もそうだが、ほかにも、えらで水中に溶けている酸素を取っていたのが、空気中から酸素を取らなくてはならない。そのために肺に相当する器官が必要であるが、それを作り出す多数の遺伝子がシーラカンスのゲノムＤＮＡに突如現れることはまったくあり得ないことである。しかし、シーラカンスにはもともと魚として浮き袋様な器官が存在していたと想定される。当然ながら浮き袋様な器官を作り上げるのに必要な一連の遺伝子群があるはずだ。これらの遺伝子群を転用して原始的な肺を作るようにすれば、もともと浮き袋と肺とは構造的に似た部分があるから、浮き袋を作る一連の遺伝子を変化させることで原始的な肺なら作り上げることができるのではないか。すなわち今まで浮き袋を作っていた一連の遺伝子を肺を作る遺伝子群に転用するのである(22)。陸に上がったらもう浮き袋なんか必要ない。同じことが四肢の発生、発達についても言える。もともとシーラカンスや肺魚には太い根元を持つひれがあるので、当然そのゲノムＤＮＡにはホックス遺伝子にコントロールされている一連の太いひれを作る遺伝子群があったはずである。これらの遺伝子群に起きたいくつかの変化によって、不完全ながらチクターリクにみられた四肢へとひれから転用することは不可能なことではない。実際ある種のホックス遺伝子のゲノムＤＮＡ上の位置が変わっただけで四肢の配置が変わることが実験的に証明されている。

この遺伝子の転用の考え方は四肢の発達のようなマクロ進化における飛躍的な進化を説明するのに都合が良い。しかし、この考えを押し進めると、逆にこのような転用できるゲノムＤＮＡ（遺伝子）がその時点でなかった場合は、新しい環境に適応する飛躍的な進化は不可能であると言えよう。すなわち、マクロ的進化は、その生物が転用してもよい一連のゲノムＤＮＡ（遺伝子）をすでに持っていたかどうかがその成否を決める前提条件になる。

しかし、マクロ進化を既存の遺伝子群の転用（コオプション）によって説明するとしても、きわめて根本的な疑問が残る。ではその転用されたすでに存在していた遺伝子群はどうして生じたのだろうか。仮定として浮き袋を作る遺伝子群が肺に転用されたとしても、またシーラカンスや肺魚の持っている太い根元があるひれを作る遺伝子群がチクターリクの四肢の発達に転用されたとしても、浮き袋や太い根元があるひれを作るための遺伝子群はどうしてできあがったのだろうか。遺伝子の転用という概念はデヴォン紀の四肢の発達を伴う魚からの陸上動物の進化には説明できても、それ以前に起こった複雑な組織や器官を作る遺伝子群の生成の要因は説明できない。

ほかの生物のDNAを取り込む

ほかにも我々の祖先が生き残りを賭けて、新しい遺伝子を獲得してきたストラテジーがある。それはすでにある機能を持ったほかの生物のゲノムDNAをそっくりそのままいただいて、自分のために使うことである。例を挙げよう。

生物がさまざまな活動をするのには当然のことながら、エネルギーを必要とする。筋肉を動かすためにもエネルギーが必要であるし、また身体の中でさまざまな化学反応をするためにもエネルギーが必要である。そのため、呼吸した空気中の酸素で食料として摂った糖を燃やしてエネルギーを作り出しているが、この作られたばかりのエネルギーは細胞の中である種の化学物質（ATP）として貯えられる。このような作業は細胞の中にあるミトコンドリア（mitochondria）という小器官で行われる。だからミトコンドリアは細胞の中の発電所のようなエネルギー生産工場と言ってもよい。実はこのミトコンドリアはその中に独自のＤＮＡを持っているのだ。したがって動物細胞の場合、核にあるゲノムＤＮＡとミトコンドリアの中にあるミトコンドリアＤＮＡの2種類のＤＮＡが存在していることになる。

ヒトの場合、核にあるヒトのゲノムＤＮＡは30億にも及ぶ塩基が並んでいるが、ミトコンドリアＤＮＡははるかに小さなＤＮＡで、塩基の数はその10万分の1以下のわずか約1万6000しかないし、そこに存在する遺伝子も37しかない。しかし、ミトコンドリアは一つの細胞あたり数百あり、また一つのミトコンドリアに約10コピーのミトコンドリアＤＮＡがあるから、ミトコンドリアＤＮＡの細胞あたりの総数は数千コピーにもなり、核にある2組（2コピー）しかないゲノムＤＮＡとはこの点でも異なっている。興味深いことには精子と卵子が合体する受精の際、精子のミトコンドリアはすべて壊されてしまい、したがって受精卵の中に入ることを許されない。だから我々の体を作り上げている60兆にも及ぶ細胞のミトコンドリアはすべて母親由来である。このようにミトコンドリアが母系の遺伝物質であることから、人類の起源をたどっていくと、最終的にはアフリカに住んでいたただ一人の女性（イヴ）に行き着くという。

さて動物のミトコンドリアのＤＮＡの塩基の並び方を調べてみると、核にある動物のゲノムＤＮＡの塩基の並び方とは違い、むしろバクテリアなど単細胞生物のゲノムＤＮＡの並び方に似ていることがわかった。このことは何を意味しているのだろうか。分子生物学者は、これを素直に解釈し、今から数億年前に、空気中の酸素を使ってエネルギー生産を行っていたある種のバクテリアが、我々ヒトの祖先の生命体の中に取り込まれ、そこでエネルギーを供給するという役目を果たす破目になったと結論づけた。

実は、高等動植物は酸素を用いないエネルギー生産系も持っているが、そのエネルギー生産効率はミトコンドリアの酸素を用いるエネルギー生産系に比べてはるかに劣る。したがって、バクテリアのDNAの効率的なエネルギー生産系を獲得したために、高等生物が必要としていた多くの複雑な仕事をするために不足がちだったエネルギー問題が解決されたのであろう。そして、結果としてより複雑な、より高等な生物へ進化できたとも言えよう。このように、我々の祖先は、環境に適応し、生存競争を生き抜くために、自分にとって都合の良いことなら、ほかの生物のDNAをも取り込む（拉致）までして、進化してきたのである。

本当にこんな虫の良いことが可能だったのだろうか。まず、一般に細胞は細胞膜に囲まれており、直接ほかの生物のDNAはそう簡単には細胞内に入れない。しかし、微生物、高等生物を通して、細胞の中にほかの生物のDNAを取り込ませることは、現在いろいろな条件の下で可能であることが明らかになった。これは、遺伝子工学の基礎でもある。また、2種の異なった生物の細胞がたまたま融合して双方のゲノムDNAを持った細胞が現れることは、まれな現象ではあるが、まったくない話ではない。さらに重要なことは、これら取り込まれたほかの生物のDNA

（遺伝子）は新しい宿主の細胞でもとの生物と基本的には同じように働く。なぜなら先にも述べたように、生物界を通じて遺伝子からの情報、特に遺伝子からタンパク質を作るための情報に用いられる生物暗号はどの生物でも共通であるからである。

高等植物も動物と同じようにミトコンドリアがあるが、実はそのほかにさらにもう一つ外から取り込んだと思われる小器官が細胞内にある。それは葉緑体（chloroplast）と呼ばれる小器官である。葉緑体は生物界で太陽の光のエネルギーを使って二酸化炭素を固定する（光合成：photosynthesis）という、重要な働きを担っている。植物の葉が緑色なのは、この葉緑体の中にある光合成に重要な役割をする物質（葉緑素：chlorophyll）の色が緑色だからである。我々が地球上で生きていけるのも、植物が光合成によって空気中にある二酸化炭素を固定して、我々の生存に必要な食料を作ってくれるからである。コメやコムギのような主食の中のデンプンなどは、すべてこの光合成の結果作られたものであり、植物がないと我々ヒトを含めて動物はこの地球上に生きていけない。言い換えれば、地球上で食料をほかの生物に頼らないで生きていけるのは、植物と一部の微生物のみである。

さて葉緑体のＤＮＡは、ミトコンドリアＤＮＡと同じようにその大きさは植物のゲノムＤＮＡよりはるかに小さい。植物によって違うが、塩基の数は約12万～19万である。葉緑体ＤＮＡの塩基の並び方をみると、ミトコンドリアＤＮＡと同じように、やはりゲノムＤＮＡの並び方とは異なっている。したがって、葉緑体もミトコンドリアと同じように、遠い昔に光合成を行うバクテリア（おそらくシアノバクテリア類）が原始生物の細胞内に取り込まれ、そこで何億年も外に出られず、今ではやむなくその生物（植物）のために、植物にとって欠くことができない機能（光合成）を行う（行わざるを得ない）に至ったと考えられる。植物にはミトコンドリアもあるから、自分のために二つのバクテリアを取り込んだ点において、植物は見かけによらず動物よりもはるかにしたたかではないか。

ここで、ミトコンドリアと葉緑体の例を挙げたが、これらの細胞内小器官の場合はそのＤＮＡは核にあるゲノムＤＮＡとは別に存在し、両者は物理的に別の分子である。しかし、多くの生物のゲノム解析が進むと、そのなかにはどう見てもゲノムＤＮＡの中にまで、別の生物のＤＮＡをまるごと取り込んで、物理的に分子として一体となっているとしか考えられない場合も見出される。一例を挙げると、マメ科植物の根に共生するある種のバクテリアは空気中の窒素を固定する（nitrogen fixation）能力があるが、このバクテリアのゲノムＤＮＡを調べると、その一部にどう見てもそのバクテリア以外の生物から由来したに違いないと思われる部分がある。しかもその部分には窒素固定に関係する遺伝子がたくさん集積しているのだ。もっとも考えられるシナリオは、ほかの窒素固定をするバクテリアの窒素固定に関係する部分のＤＮＡがこのバクテリアに取り込まれ、それによってバクテリアは窒素固定をするように変化（進化）した、ということだ。

今後さまざまな生物のゲノムＤＮＡの解読が進むにつれて、このようなほかの生物のＤＮＡを取り込んだと思われる例はますます多くなるだろう。ただ、取り込んだ時代が古くなるにつれ、そこに変異が蓄積され、塩基の配列が変わり、その起源がはっきり同定できない可能性も高くなる。先にも述べたがシーラカンスのゲノムＤＮＡはほかの魚類のゲノムＤＮＡよりそのサイズが断然大きい。実際使われている遺伝子の数はほかの魚類とほぼ同じであるから、余計なＤＮＡを背負い込んでいることになる。また同じような太い根元のひれを持った肺魚のゲノムＤＮＡの大きさはさらに大きく、シーラカンスの２～４倍もあるという。現在のところ、これらの余計なＤＮＡがシーラカンスや肺魚の祖先がミトコンドリアや葉緑体のようにほかの生物から取り込んだものなのか、または前にも述べたもともとあったＤＮＡの重複によるかは今の所まったくわからないが、いずれその起源についてなんらかの示唆が得られるだろう。

さてこのような太い根元のひれを持ち、四肢を持った動物の祖先ではないかと考えられているシーラカンスや肺魚のゲノムＤＮＡがこのように異常に大きいのは単なる偶然であろうか。ゲノムＤＮＡが大きければ大きいほど、そこにはたとえば四肢を作るようなマクロ進化に必要な遺伝子を作るためのリソース（供給源）が豊富にあることになる。前述のように、遺伝子を一から作り上げることはきわめて難しいが似たような遺伝子がある場合はそれを転用できる。そのためにも、生物的に意味がなく、不必要なものと思われても、この余計なＤＮＡがあることは実は、その生物が新しい環境に適応するための新しい遺伝子の供給源として、その生物種の存続のための安全弁（セーフガード）でもあるのかもしれないのだ。逆に言えば、シーラカンスや肺魚のゲノムＤＮＡがこのように異常に大きかったからこそ、四肢動物の祖先になり得たとも言える。

ここで述べたほかの生物のＤＮＡを取り込むことのメリットは言うまでもない。営々と長い時間をかけて作り上げてきたほかの生物のＤＮＡの一部または全部を取り込めば、即座にそのほかの生物の特徴をもあわせ持った生活をすることができる。すなわち、これらのＤＮＡを即戦力として使うのだ。それによって、ＤＮＡを取り込んだ生物は生存競争を有利に生き抜き、結果として生き残ることになる。このように生物は、生き残るために手に入れられるありとあらゆるＤＮＡ資源を利用、動員して、場合によってはミトコンドリアや葉緑体のようにほかの生物からそっくり頂戴して、新しい機能を持った遺伝子を作り出し、厳しい生存競争に打ち勝ってきて、現在に至っているわけである。現在地球上に存在している生物はこのようなあこぎとも言える手段を駆使してまで、過去の熾烈な生存競争に打ち勝った者の子孫であるのだ。

コラム：遺伝子に起こった変化とその影響

遺伝子に起こった変化がどのように子孫に影響を及ぼすかについて、以下、より具体的に話を進める。ある生物の生殖細胞のＤＮＡに起こった変化がたまたま子孫のＤＮＡに伝わったとする。具体的に図示すると、たとえば生殖細胞のＤＮＡの配列が親では

……ＡＡＧ**Ｔ**ＣＴＡＧＧＡＣＣＴ……

であったのが、子では

……ＡＡＧ**Ａ**ＣＴＡＧＧＡＣＣＴ……

となった場合を考えよう。この場合、４番目の塩基がＴ（チミン）からＡ（アデニン）に変わっている。この変化はすぐ子の形態や生活活動に影響するだろうか。答えは否である。まずこの塩基の変化がゲノムＤＮＡのどこに起こったかが問題である。ヒトを例にとると、ヒトのすべてのゲノムＤＮＡは約31億の塩基対からなっている。このゲノム上に約２万１０００の遺伝子があり、おのおのの遺伝子が平均２０００の塩基から成り立っているとすると、遺伝子が総塩基数に占める割合は約１・５％になる。ゲノムＤＮＡ中の、遺伝子のみがタンパク質を作る設計図であるから、それ以外の98・５％の部分に、このＴからＡへの塩基の変化が起こったとしてもほとんどの場合、その生

物の生存には直接関係がない。このように、DNAの塩基の変化が起こったがその生物的影響がない場合、その変化は進化上、中立（neutral）であると言う。

さてこの塩基の変化が遺伝子の中で起こった場合はどうだろうか。表2（41ページ）に示した遺伝暗号の表を見ていただきたい。たとえばアミノ酸の一つ、アラニンの遺伝暗号を見てみよう。アラニンの遺伝暗号はGCA、GCG、GCC、GCU、と4種類ある。DNA（遺伝子）の情報を正確にコピーしたメッセンジャーRNAにこのいずれかの配列があった場合、アラニンがタンパク質に取り込まれる。しかし、この遺伝暗号をよく見ると、3番目の塩基がほかの塩基にどのように変わったとしてもアラニンを指定する四つのコドンのどれかにあたり、やはりアラニンがタンパク質に取り込まれることには変わりはない。たとえばDNA（遺伝子）のある配列が変わってメッセンジャーRNAのGCAがGCGに変わっても結果は同じである。このように一般に、コドンの3番目はたとえほかの塩基に変わってもそのアミノ酸が変わらない場合が多い。すなわち、DNA（遺伝子）に変化があっても、それが実際にタンパク質までは変えない。言い換えればDNAに変化は起こってもアミノ酸の変化を引き起こさないから、その生物にとってはなんの影響もないのである。もちろん、このようなDNAの変化は、その生物の進化にとって影響がない、中立的な変化と言える。木村資生博士（M. Kimura）はこれをもとにDNAにおける多くの変化は生物の進化やその生存にとって影響がない、中立であるとした（進化の中立説）。しかし、影響がなくても、これらのＤＮＡにおける変化はその子孫を通じて末代まで刻印されて残ることになるから、これを目印として生物の由来、系統、分類などを詳細に調べることができる。

ＤＮＡ（遺伝子）の塩基の変化がタンパク質のアミノ酸の変化に至らない例を挙げたが、ではアミノ酸の変化に至るような変化が起きた場合はどうなるだろうか。アラニンのコドンＧＣＡの最初の塩基グアニン（Ｇ）がアデニン（Ａ）に変わってＡＣＡとなった場合を考えよう。ＡＣＡに対応するアミノ酸はスレオニンである。したがってこのタンパク質の遺伝暗号ＧＣＡに対応していたアラニンはスレオニンに置き換わる。さてこのようにアミノ酸が変わったタンパク質を持った生物はどうなるのだろうか。その運命はいくつかに分かれる。まず、たとえアミノ酸に変化があってもそのタンパク質の機能になんら影響が及ばない場合と、アミノ酸の変化がそのタンパク質の機能に影響が及ぶような場合とに分かれる。問題はもちろん後者の場合である。この場合の影響はまたいくつかのパターンがある。まずアミノ酸の変化によって、その機能が低下または喪失したタンパク質がもともとその生物にとってどの程度重要な役割を果たしていたかによる。その役割が生死を分けるような役割であった場合、その結果は歴然としている。しかし、ここでも生物はいくつものセーフガードを備えているのだ。まず、多くの重要な遺伝子は似たような遺伝子をバックアップとして備えている。そのため、一つの遺伝子がたとえ駄目になってもバックアップ遺伝子が働いてことなきを得る場合もある。さらに、ヒトなど性の分化した生物では一つの細胞の中にすべての遺伝子は2組ある。一組は父親に、もう一組は母親に由来している。だからたとえば父親から来た遺伝子が働かなくなっても、母親からの遺伝子は依然として働くので、多くの場合その生物は少なくともその生存には関係ない。しかしその子孫でたまたま同じ遺伝子に同じような変化がある両親から子供が生まれた場合は、4分の1の確率で両方の遺伝子に変化がある子供が生まれるため、その結果はもちろん深刻である。

このようにゲノムDNAの塩基に変化があった場合、それがDNAに変化として残り、さらにその生物の生死、または少なくともその生存になんらかの影響が及ぶのはさまざまな条件をクリアーしてきた場合のみである。ほかにもさまざまなパターンがあるが、ここでは比較的一般的な例を挙げて述べた。

第5章　恐竜滅亡後の世界

白亜紀末の生物の大絶滅

生物は生命の誕生から今までの約35億年間、順調にその数を増やし、さらに多くの生物が環境に適応し、より高度で、より複雑な機能を獲得してきたようにみえるかもしれない。しかし、化石の記録からみると、過去に地球上にいたとされる生物の98％は絶滅してしまって、現在この地球上にはいないのも事実である。すなわち、新しい生物種が現れるが、いっぽう別の生物種の絶滅も起こり、生物種の新陳代謝が行われてきたのだ。化石の記録から、生物の種類や数が目立って減った時代がある。そのなかでもっとも有名なのは、シーラカンスが絶滅したと思われていた、中生代白亜紀末（約６６００万年前）の大絶滅である。特に、あれほど当時生物界で幅を利かせて、圧倒的な存在感があった恐竜が絶滅してしまったことで、生物の絶滅と言えば中生代白亜紀末の絶滅を指す場合が多い。しかし、生命の歴史をひもといてみると、生物の種の半分以上が絶滅した時期はカンブリア紀以降、少なくとも5回はある。それらを古い方から時代順にまとめると次のようになる。

1　古生代オルドヴィス紀末（約4億4300万年前）の大絶滅。約80％の種が絶滅。史上2番目に大きい生物の絶滅。約1000万年続いた。

2　古生代デヴォン紀末（約3億5900万年前）の大絶滅。約70％の種が絶滅。約2000万年続いたが、この間数回の瞬間的に高い絶滅の期間がある。

3　中生代ペルム紀末（約2億5200万年前）の大絶滅。史上最大の絶滅でペルム紀末の大絶滅として有名。90％以上の生物が絶滅したとされ、特に96％の海生生物が絶滅したという。ただし、植物種の絶滅についてはわからない点が多い。

4　中生代三畳紀末の大絶滅（約2億100万年前）。約60％の種が絶滅。生き残った恐竜がその後隆盛したきっかけを作ったとも言われている。

5　中生代白亜紀末の大絶滅（約6600万年前）。K-T（またはK-Pg）大絶滅とも言われ、約75％の生物種が絶滅したが、特に恐竜が絶滅したことであまりにも有名。

これらの大絶滅はすべて、ある時代にそれまで豊富に存在した生物種の化石が急速になくなったことで比較的容易に検証できる。それによると、スケールはおのおの異なるし、またその絶滅が続いていた期間やそのスピードも異なる。また、これらはすべて地質時代を区分するのに使われている（そのため、これらが起きたのは各地質時代の末となる）。このうちペルム紀末の絶滅、オルドヴィス紀末の絶滅、デヴォン紀末の絶滅は、その期間が少なくとも1000万年と長いあいだ続いたが、ほかの大絶滅、特に白亜紀末の大絶滅はその期間は短く、突然、あたかも何か深刻な天変地異が起こった結果のようにみえる。

さて、これらの生物の大絶滅について、当然、それぞれ原因があるはずである。そしてこのような大絶滅が生物のその後の進化に相当な影響を与えたことは容易に想像できる。まず、大絶滅の原因についてだが、その原因は、地球環境のなんらかの劇的な変化によるのは間違いないであろう。大絶滅は地球規模で起こったのだから、環境の変化も地球規模で起こらなくてはならない。では生物が生きていけなくなるような地球規模の環境の変化としてはどのようなことが考えられようか。まず火山の大噴火や、巨大隕石の落下が考えられる。これらの出来事が地球のごく限られた場所で起こっても、膨大な量の砂塵やガスが大気中に放出され、全地球上に拡散する。特にまき上がった砂塵は太陽からの光が地球に注ぐのを妨げるから、植物は光合成をすることができなくなる。これで困るのは、直接的、間接的に食料を植物に頼らざるを得ない動物である。

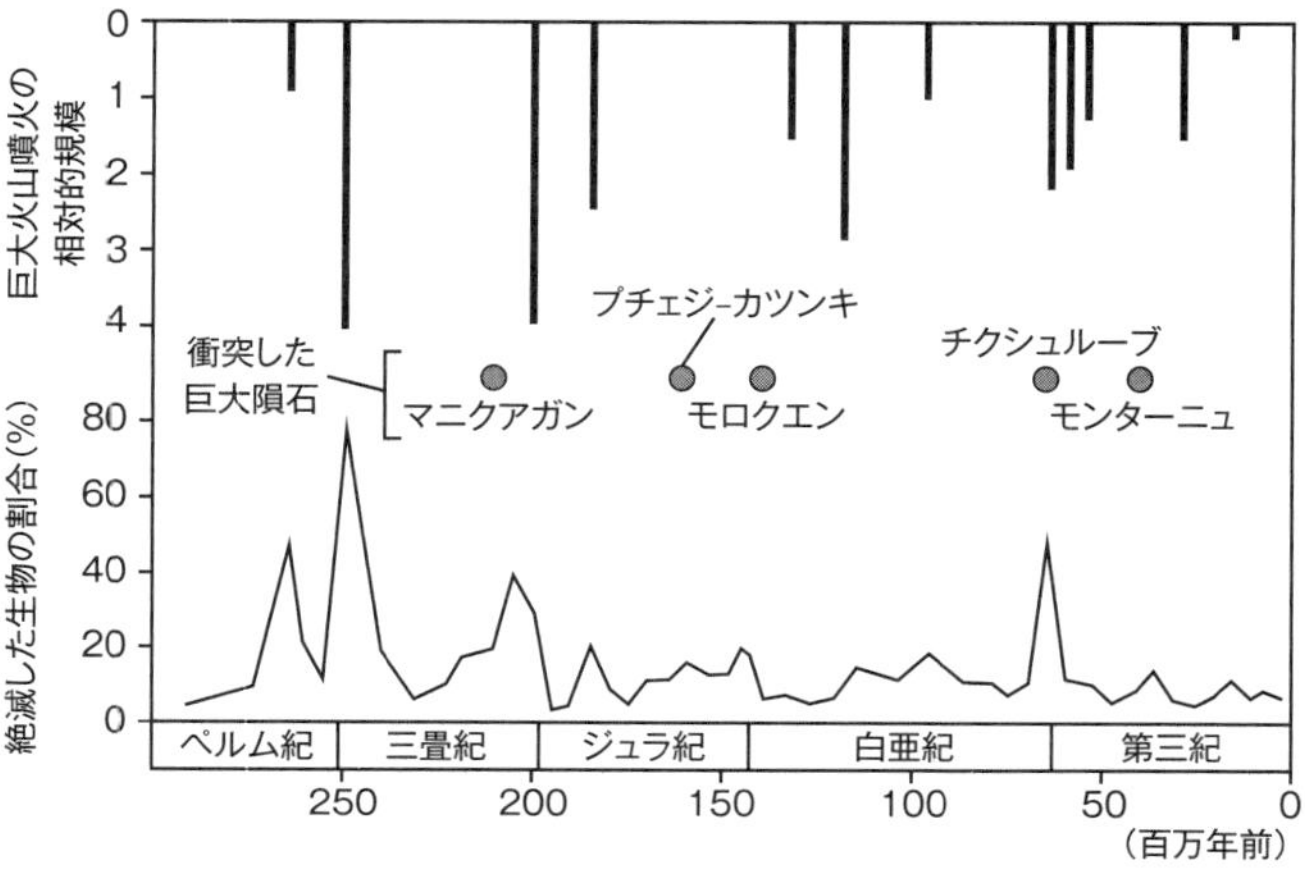

図39　絶滅と隕石衝突・火山噴火の記録
[Michael Ruse, Joseph Travis ed., "Evolution: The First Four Billion Years", p.717, Belknap Press (2009)]

食料がなければ、当然、餓死し、絶滅する。また太陽からの光が届かないから、全地球的な気温の低下も当然起こることであろう。(23)

さて、火山の大噴火や巨大隕石の落下がこれら大絶滅の原因とすると、過去の火山の噴火や巨大隕石の落下の記録と大絶滅の時期が一致するはずである。図39に過去の生物の絶滅の時期、絶滅の程度、隕石の衝突の記録、火山の噴火の記録を示した。確かに、ペルム紀末の大絶滅が活発な火山活動と時期が一致しており、白亜紀末の大絶滅が巨大隕石の落下と時期が一致している。しかし、必ずしもすべての生物の絶滅の時期がこれらの活動との時期と一致している訳ではない。

これらの大絶滅のなかでもっとも研究が進んでいるのは、もっとも新しい、白亜紀末の大絶滅である。きっかけは1980年、ノーベル物理学賞の受賞者でもあったL・アルヴァレズ博士（L. Alvarez）と、地質学者のその息子W・アルヴァレズ博士（W. Alvarez）らが希少元素イリジウム（iridium）を異常に多く含む地層を見つけたことであった。イリジウムはもともと地球にはほとんど存在しないから、この地層のイリジウムはほかの天体に由来したものである可能性が高い、すなわち、隕石が地球に衝突し、粉々になった隕石の成分（イリジウム）が地球上にばらまかれたものであると結論づけた。さらにこの地層の年代を調べると、これが恐竜やアンモナイトなどたくさんの生物が絶滅した約6600万年前の白亜紀末の地層とぴったり一致したのだ。アルヴァレズ父子によると、ばらまかれたイリジウムの量から計算すると、この隕石は直径が10～15キロメートルにも及ぶ大きなものだという。これだけの大きな隕石が衝突するとまず、その衝突のエネルギーによって、地球の気温は急激に上昇し、この高温地獄に耐えられない生物は死滅する。この高温状態は比較的すぐに収まったと思われるが、さらに深刻な事態が訪れる。巨大隕石の衝突によって舞い上がった砂塵は地球上に広がり、長ければ数年にわたって、太陽の光を遮ることになったのだ。数年間、夜の状態が続いたと考えてよい。したがって植物や植物性プランクトンは光合成ができなくなり、それに食料を頼っていた動物達は絶滅するしかない。すべての動物は究極的にはその食料を植物に頼っていたのだから食べるものがまったくなくなってしまったのだ。また、気温も冬のように相当低下したのではないだろうか。巨大隕石衝突の生物に対する影響はほかにもいろいろあったと考えられる(24)。

いずれにしても、生物、特に植物や微生物のように種子や胞子のような生命を残す手だてを持たない動物達にとってはまさに地獄を見て、命を落としていったのだろう。とにかく恐竜など地球上の約75%の生物種が一匹も残らず死んでしまったのだから凄い話だ。もちろんこの大災難を逃れ、生き残った生物も多い。我々哺乳類の祖先もそうだ。その生き残れた理由については次節で述べる。

さて、以上がアルヴァレズ父子の白亜紀末の大絶滅のシナリオ（アルヴァレズの隕石説）であるが、肝心の大隕石の痕跡がなかなか見つからない。ようやっと、1990年になって、メキシコ、ユカタン半島で大きな隕石が衝突した跡が見つかる。しかも、衝突の時期は白亜紀末の約6600万年前である。これは現在チクシュルーブ隕石跡（Chicxulub crater）と呼ばれているが、その直径は160キロメートルに及ぶというから、東京から静岡あたりまでの距離に相当する（図40）。こんな隕石跡を残す隕石がもし小さな日本に衝突したら日本の地形が変わってしまったことだろう。またこのような隕石跡を残す隕石の大きさはアルヴァレズ父子が計算した隕石の大きさ（直径10～15キロメートル）にほぼ一致する。その衝突のエネルギーは広島型原爆の約10億倍、引き起こされた地震の強さはエネルギーとして、東日本大震災時の地震の約1000倍となるマグニチュード11、津波の高さは約300メートルと推定されている。

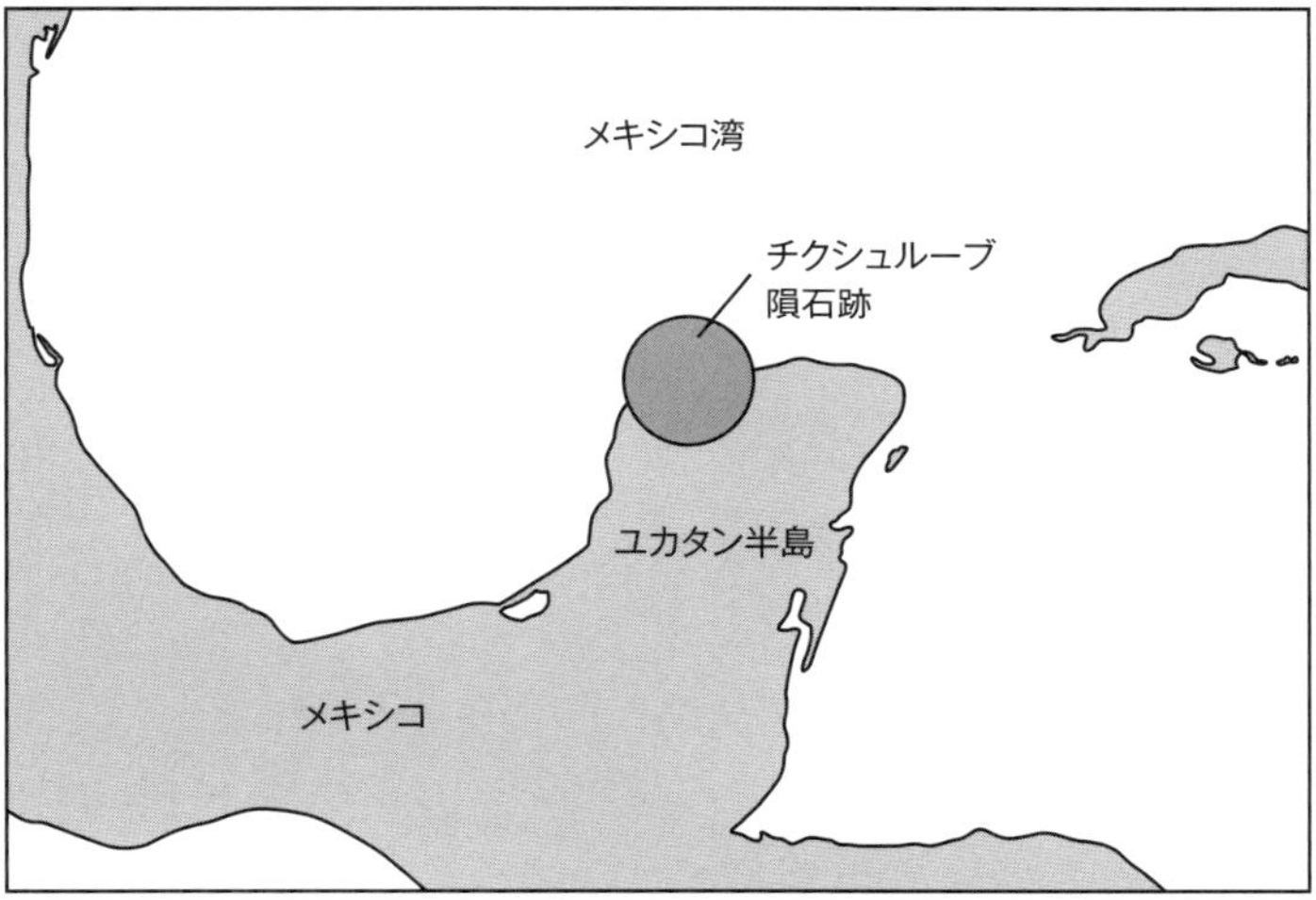

図 40　チクシュルーブ隕石跡

このアルヴァレズ父子の大隕石による白亜紀末の生物大絶滅説はその発表以来多くの支持が寄せられ、ほぼ間違いない説と考えられてきた。ところが数年前から一部の科学者はやはり同じ時期（大隕石衝突の直前）に起こったインドのデカン高原（Deccan traps）における火山の大爆発による影響の方がその規模からして、また時期的にも恐竜などの絶滅をよりよく説明できると主張している。特に生物の絶滅が火山爆発の直後、隕石の衝突より早い時期から起こり始めている事実をその有力な根拠としている。この論争はまだ決着がついていない。また恐竜などの絶滅はこの二つの事象の相乗効果によるとも考えられる。しかし、大隕石の衝突にしろ火山の大噴火にしろそれらがもたらす天候の変化など、生物の環境の激変については、両者に多少の違いがあったとしても、当時恐竜など多くの生物の生存に関してきわめて深刻な影響があったことは間違いない。

では運良く生き残った生物はどのようにしてこの大天変地異の影響を逃れたのだろうか。シーラカンスもわずか2種（当時は多分1種）とはいえ、見事生き残った。おそらくその理由は生物の持っている遺伝的な特性とその生活環境にあるのではないか。前にも述べたがシーラカンスは現在は深い海で生活している。いっぽう、化石の記録では多くのシーラカンスは比較的浅い海や淡水に棲んでいたとされている。そうすると、この生き残ったシーラカンスの直接の祖先は、当時すでに現在のように比較的に深い海に棲むように進化していたのではないか。そのために大隕石の衝突または火山大噴火による影響を直接受けず、その生存の可能性が陸で暮らしていたほかの生物より高かったため、危うくこの大難を逃れたとも想像できる。

さて、史上何回もみられた生物の絶滅の結果何が起こったか。生物の絶滅はかろうじて生き残った生物のその後の進化にどのような影響を与えたのだろうか。まず、白亜紀末の大絶滅では、それまでおそらく1億年以上ものあいだ、恐竜の影におびえ細々と暮らしていた哺乳類が、恐竜の恐怖からようやっと逃れることになった。そして、前に恐竜がいた生活空間を埋め、新興勢力としてこの地球上に登場することになる。すなわち、ある生物の滅亡は、生き残った生物の生活圏を大幅に広げ、数を増やし、進化を促進することになるのである。恐竜が白亜紀末に絶滅しなかったら、現在地球上で我が世の春を謳歌している我々ヒトをはじめとする哺乳類のこれほどの進化はなかっただろうし、我々もここにいたかどうかわからない。このことは生物がいかにいつも厳しい生存競争に晒されており、そしてなんらかの理由でニッチ（隙間）ができたら、すかさずそれを埋めて、そこで繁栄し、進化していく生物が存在していることを如実に示している。生物の35億年の歴史とはまさに現在の我々の生活からは想像もできない厳しい生活環境のもと、多くの生物が入れ替り立ち替り、ひたすらその存在を主張し続けてきた歴史であると言ってよい。白亜紀末の大絶滅によって地球から去っていった恐竜とて、その出自をたどると、約2億1００万年前の三畳紀末の生物大絶滅でたまたま生き残り、競争相手が滅亡したために、その後2億年近くものあいだ、栄華隆盛をきわめることができたのだ。

ここで指摘したいことは、恐竜の滅亡をもたらした隕石の衝突にしろ火山の大爆発にしろ、自然界に起きたまったく偶発的な出来事であった点だ。そのために恐竜が滅亡して、その結果我々が現在ここにいるとすると、我々の存在自体もまた、まったく偶然の賜物としか言いようがない。約６６００万年前に地球に飛来した大隕石が、地球に衝突しないで、そのそばをかすめて飛び去っていたら、現在でも地球は間違いなく依然として恐竜の天下で、我々人間など存在する余地はなかったのである。いささか運命論的になるが、自然、特に生物の存在とは、往々にしてこのようなことの結果なのだ。

哺乳類の天下が訪れた

次に、我々ヒトの祖先でもある哺乳類の歴史をもう少し詳しくたどってみよう。化石の記録によると哺乳類は今から約2億年前の三畳紀末にこの地球上に現れた。しかし、それに先駆けると思われる、哺乳類に似たある種の爬虫類は約2億8500万年前（ペルム紀）に出現している。この哺乳類様の爬虫類がどの程度哺乳類に近かったかはよくわかっていないが、ペルム紀末の史上最大の生物の大絶滅によって、ほとんど地上から姿を消している。生き残った哺乳類様の爬虫類は温血であったとも考えられているので、これが哺乳類の祖先であったのではないか。

さて三畳紀末に現れた原始哺乳類は、イタチに似ている体長わずか数センチメートルの超小型動物であった。また温血で体毛があり、夜行性でおそらく昆虫などを食していたものと思われる。しかし、これら原始哺乳類は我々のような哺乳類とは異なり、現代のカモノハシのような卵生の哺乳類（単孔類）に近かったと想像されている。この卵生の原始哺乳類が、受精卵（胚）から胎内で成長した子供を授乳させて育てるなどの現在の哺乳類の特徴を有するようになるには、さらに約7000万年の年月がかかっている。しかし、これらの哺乳類は当時どう見ても影がうすく、日陰者として細々と生きていたとしか考えられない。実際、わずか十数種の哺乳類のグループが化石として記録されているだけである。これとは対照的に、同じくペルム紀末の大絶滅を生き残った恐竜は全盛をきわめる。哺乳類はなにぶん、体の大きさはわずか数センチメートルからせいぜい20センチメートル、恐竜の敵ではなかったし、捕食の対象としてもあまりにも小さくまた貧弱であったため、見過ごされていたことであろう。逆にこのためにあの弱肉強食の時代を生きながらえてきたのではなかろうか。いずれにしろ、我々の大祖先は約2億年もの長いあいだ、恐竜の影におびえ、細々と日陰者として暮らしてきたのである。

しかし、白亜紀末の大絶滅による恐竜の滅亡後、その生活圏を拡大できた哺乳類は、その数を飛躍的に増やし、さらに一段と進化するための条件が整った。現在地球上には約4500種の哺乳類がいるが、このほとんどが恐竜の滅亡後、現在までの数千万年のあいだに出現したと考えられるし、実際、化石の記録によっても、白亜紀末の恐竜などの生物の大絶滅を境に哺乳類がその種を急速に増やしていったのである。雌伏2億年、白亜紀末の恐竜の滅亡は哺乳類にとって待ちに待った勢力を伸ばすチャンスだったのである。

しかし、なぜ、白亜紀末の生物の大絶滅の際、哺乳類は生きのびることができたのだろうか。このきわめて興味ある問いについては、その答えはいまだ研究者のあいだでも決着がついていないようだ。実は、白亜紀末の生物の大絶滅時に、哺乳類といえども恐竜ほどの壊滅的な影響を受けなかったとはいえ、多くの哺乳類が絶滅した。ただその影響の程度が恐竜ほど致命的でなかっただけに過ぎないと考えられている。まず、隕石の衝突や火山の爆発による地球の一時的な超高温を哺乳類はいかに生き残ったのだろうか。哺乳類のなかで地中深く穴を掘ってその中で生活していた小動物や、水中に棲んでいた生物は、この気温の上昇による影響を少なくとも地上に生活していた生物より受けず、なんとか逃れる機会が多かったと考えられる。現に恐竜と同じ爬虫類でも主として水中に棲息するワニなどは生きのびている。しかし、前にも述べたが、ある生物種の絶滅の決定的な原因は、巨大隕石の衝突や火山の爆発の結果、舞い上がった砂塵による太陽の光の遮断によって光合成ができなくなった植物や植物性プランクトンが枯死したり、死滅したりした結果であろう。植物の枯死は当然、草食性の恐竜やその他の生物の餓死を引き起こし、さらに食物連鎖の上位にいてそれらを主食としていた肉食性の恐竜や多くの動物が同様に餓死に追い込まれたことであろう。このような条件のもとで、我が哺乳類の祖先はどうして生きのびたのだろうか。まず、食料がほとんどない状態では、何でも食べることができる雑食性の生物は生存に有利だったはずだ。特に死んだ生物の遺骸や排泄物を食べても平気な動物などは、生きのびるチャンスは高い。また、動き回らず、じっとしていたりして、消費エネルギーが少なくて、生命を維持できる動物、省エネ型動物は生きのびる確率が高かったのではないか。この点で摂取エネルギー量が少なくて済む小型動物の方が大型な動物よりも生存に有利であっただろう。現に、化石の記録をみると、白亜紀末の生物の大絶滅以降に生きのびた動物はすべて小型の動物である。

現在の我々ヒトのようなサイズの動物では同じような難局を乗り切ることはまず不可能であろう。また、種子を作る植物や胞子を作って休眠する微生物にとっては、数年の試練の時期を乗り越えることはなんら問題ない。数百年たっても発芽することができる植物の種子もある。また、太陽光が遮られ地球の気温が著しく下がった状態では、体に毛が生えていて保温に優れている哺乳類は体毛のない動物より有利であったとの説もある。また恐竜と違って温血動物であることも、気温低下の場合生き残りに有利であったとも考えられる。先にも述べたが、海中深く生活しているシーラカンスはこのような影響を受ける度合いが少なかったとも言える。いずれにしろ、我々の祖先、おそらくはモグラのような小型の哺乳類がこの難局中の難局を必死に乗り切ってくれたことに感謝するのみである。

では、なぜ、哺乳類だけが、恐竜なき後の生物界を牛耳ることになったのか。多くの研究者は、脳神経系の発達が、もっとも重要な役割を果たしたと考える。その結果、我々の祖先はほかの生物との競争を勝ち抜く新しいストラテジーを手に入れたのだ。脳神経系と一言で言ってもその範囲は非常に広い。確かにものを見たり聞いたりする視聴覚系も脳神経系に属するが、それはほかの多くの動物で、場合によっては我々よりも優れている場合も多い。それよりも決定的だったことは、ものを記憶したり、それを次の行動に応用するなどの高次な脳神経系の発達で、これこそが哺乳類の生き残りの最大のカードであったことは間違いないだろう。

ヒトはどのようにして進化してきたのか

今まで述べたほかの多くの生物の歴史に比べれば、我々ヒトの歴史は驚くほど短い。我々がゴリラやチンパンジーから独立して独自の道を歩み始めたのはわずか数百万年前のことに過ぎない。数百万年と言うと、ずいぶん長いように聞こえるが、生命の起源から現在に至る生命の歴史のわずか数百分の1の時間である。一億年以上地球に生きながらえている生物がたくさんいるのに比べると、我々はまったくの新参者である。しかし、どうしたわけか、現在、地球上を我が物顔に振る舞っているのは我々ヒトである。それはともかく、まず、ヒトもゴリラやチンパンジーのような類人猿も、その祖先が同じであることは、化石などの研究からわかっていたのであるが、どのような順番で、いつ頃、ヒト、ゴリラ、チンパンジーがおのおの独立の道を歩んできたかについては、不明の点が多かった。しかし、最近の研究の結果では、我々現代人（ホモ・サピエンス：*Homo sapiens*）の祖先は、少なくとも約1000万年前まではゴリラやチンパンジーと同じ祖先であったが、約1000万～800万年前に、まずゴリラが新しい種として独立の進化の道を歩み始め、さらに770万～630万年前にチンパンジーが同様に我々と袂を分かち、その後、我々はヒトとしての独立の道を歩んできたと考えられる。

どのようにして、我々の過去をこのように正確にたどることができたのであろうか。一例を挙げる。ヒトもゴリラもサルも、血液中で酸素を運ぶヘモグロビンの遺伝子があり、この遺伝子はすべておよそ3万7000の塩基から成り立っている。この約3万7000の塩基をヒトとゴリラとチンパンジーについて比べてみると、その中に数十箇所の違いがみられる。その違いのうちで、ゴリラとは違うがヒトとチンパンジーは共通である箇所が67、ヒトとは違うがチンパンジーとゴリラで共通な箇所が25、チンパンジーと違うがヒトとゴリラで共通である箇所は15ある。ヒトとゴリラが15の塩基の共通な違いに対して、ヒトとチンパンジーが67の共通な、しかしゴリラとは違う塩基があるということは、ヒトとチンパンジーがゴリラよりも祖先が共通であった時期が長い、すなわちこの3者のうちで、まずゴリラが分かれて独立し、それからヒトとチンパンジーがある一定期間祖先を共有して、その後お互い別の道を歩んだと考えられる。ちなみに、ゴリラとヒトに共通な違い（15）はヒトとチンパンジーとの分岐以後、チンパンジーに起こった変異であり、同様に、チンパンジーとゴリラの共通な違い（25）は、ヒトとチンパンジーとの分岐以後ヒトに起こった塩基の変化であると考えられる。

次に、ゴリラがまず分かれた年代、それからその後ヒトとチンパンジーが分かれた年代は、どのようにして推定されたのだろうか。これは前述したが、一般に塩基が変化するスピード、すなわちある時間にどれくらい変化するかがほぼわかっていることから、それをもとに計算される。

この場合は、ヘモグロビン遺伝子の約3万7000の塩基のうち、互いに違っている数から推定した。また核にあるゲノムDNAよりも塩基の数ははるかに少ないが、その変化の起こる頻度が大きいミトコンドリアの塩基の変化を調べて、過去の軌跡をたどることも一般に行われている。特に数十万年という比較的短い年代の生物の進化を調べるには、ミトコンドリアDNAの塩基の変化を調べることが多い[25]。

このように、チンパンジーから約500万年ほど前に分かれた我々の祖先は、その後どのような場所でどのようにして現在のさまざまな人種に分かれてきたのであろうか。まず、我々ヒトの起源はアフリカであったことは間違いない。すでに100年以上も前にダーウィンが、アフリカに類人猿がいること、そして類人猿とヒトとがきわめて似ていることからこのことを予言していたが、その後の多くの研究によって、ヒトのアフリカ起源説は確認された。

ヒトがどのようにしてアフリカから世界中に散らばり、現在のようなさまざまな人種に分かれてきたか、という500万年にわたる歴史は、世界中のあちこちで見つかった我々の祖先と思われるヒトの頭蓋骨などの化石を調べ、その形態の変化から推定されてきた。長いあいだ信じられてきたのは、我々現代人（ホモサピエンス）に対して旧人と呼ばれる、洞窟などで見つかったジャワ原人、北京原人、ネアンデルタール（Neanderthal）人などが我々の祖先であり、これらの原人が約500万年前にチンパンジーから分かれて以来、互いに混じり合い、現在のさまざまな人種を作り上げてきたという説（多地域起源説）である。だが、近年のDNAの研究によるとどうもそうではないらしい。

現存しているさまざまな人種のミトコンドリアのDNAの塩基の相違を調べると、多くの人種といちばん違いが大きいのはアフリカ原住民のミトコンドリアDNAであり、これは我々ヒトのアフリカ起源説を裏づけている。しかし、アフリカ原住民も含めて現存している人種間での塩基の違いは、ネアンデルタール人などの原人が長いあいだ互いに混じりあい、現在のさまざまな人種を作り上げてきたにしてはきわめて小さいのだ。ミトコンドリアのDNAの塩基の違いをもとにDNAの分子時計で逆算すると、現在の地球上の人種が分かれたのはわずか約20万年前と考えられる。もし、ネアンデルタール人などの原人が500万年ものあいだ相互に混じりあって現在の人種ができあがったとすると、ミトコンドリアDNAの塩基の違いは、人種ごとにもっともっと、少なくとも10倍は大きいはずである。さて、この事実は何を意味しているのだろうか。いちばん説明しやすいのは、ネアンデルタール人などの原人と我々現代人の祖先とは別のグループに属しており、互いに混じることは基本的にはなかったのではないか。そして、我々ヒトの祖先が約数万年前アフリカを出て世界中に散らばっているあいだかそれ以前に、これら原人はなんらかの理由で絶滅した、とする解釈だ。この説をさらに決定づける証拠として、約3万年前までヨーロッパと西アジアで住んでいたと思われるネアンデルタール人の骨から取り出したミトコンドリ

ＡＤＮＡを調べると、その塩基の並び方は、現代人とはかなり違い、その違いは、現存する人種間の違いよりもはるかに大きいことがわかった。現代人とネアンデルタール人とのミトコンドリアＤＮＡの違いは、現存するヒトの人種間の違いの約３倍もあったのだ。このことは、現代人はこれら旧人とは独立してアフリカにその起源を持ち、その後世界中に散らばっていったという説を支持する。このような説は、我々人類のアフリカ単一起源説と呼ばれ、今まで信じられていたネアンデルタール人などの旧人が互いに混じりあって現在の人種ができあがったという多地域起源説よりもはるかに説得性があり、大筋では正しいと考えられる。

しかし、最近さらに興味深い事実が明らかになった。ネアンデルタール人のゲノムＤＮＡを解読して、その塩基の並び方を現代人のゲノムＤＮＡと比べると、ヒトのゲノムＤＮＡの約２・５％はネアンデルタール人から由来していたことがわかったのだ。このようなネアンデルタール人特有のＤＮＡはアフリカ原住民のゲノムＤＮＡには見出されない。このことはヒトが数万年前アフリカから出て、ヨーロッパか現在の中近東地方で当時まだ生存していたネアンデルタール人と遭遇して、交雑し、そのネアンデルタール人のＤＮＡが現代人のゲノムＤＮＡに残っているとしか考えられない。考古学者はまた、現在のイスラエル、シリアなどの中近東で両者が共同の生活を送っていたという証拠があるという。

また、さらに驚くべき事実が明らかになってきた。それはネアンデルタール人以外にもどうやら我々現代のヒトと異なる種のヒトが比較的最近まで地球上に存在して、我々の祖先はそれらと一部交雑していたらしい。シベリアのデニソヴァン洞窟で見つかった約4万年前の女性の遺骸の一部（指）から取ったDNAを解析すると、その塩基の配列は我々とは異なっていたのだ。すなわちネアンデルタール人以外にも、我々現代人（ホモ・サピエンス）以外のヒトの種が地球につい先ほどまで存在していたのだ。わずか3万～4万年前までに少なくとの3種のヒトがこの地球にいたことになる。このデニソヴァン（Denisovan）人もネアンデルタール人と同様に我々の祖先と交雑していた証拠がある。

ネアンデルタール人、デニソヴァン人のような我々とその出自が異なるヒトはほかにもいた可能性がある。インドネシアのフローレス（Flores）島でどうも現代人とは異なるヒトの骨が見つかった。今から約1万2000年前までこの島の洞窟に住んでいたと推定されるヒトは、身長は約1メートル、脳の体積はわずか380ミリリットルと現代人の3分の1以下である小柄のヒトである。発見された島の名前にちなんでホモ・フローレシエンシス（*Homo Floresiensis*）という名前が与えられた。しかし、ホモ・フローレシエンシスが実際ネアンデルタール人やデニソヴァン人のように我々とは異なったヒトの種に属するのか、あるいは単になんらかの理由で我々現代人の祖先がその地方で矮小化したのかは議論が分かれている。なにぶんインドネシアのような熱帯地方ではその遺骸のDNAは分解してしまい、解析が難しく、まだはっきりとした結論は出ていない。

世界中の人種のＤＮＡを調べることにより、我々日本人のルーツもかなりはっきりわかってきた。アフリカから20万年前に分かれてユーラシア大陸に来たヒトの集団は、いくつかの異なった地方へと分散する。まず、マレーシア、インドネシア方面へ行ったグループ、ヨーロッパへ行ったグループ、インド方面に行ったグループ、東アジアを目指したグループなどがあったと考えられる。東アジアを目指したグループから、さらにベーリング海峡を渡ってアメリカ大陸に移動したアメリカン・インディアンのグループが分かれて、続いてエスキモー（イヌイット）などが分かれる。ほぼ同時に、北海道の原住民であるアイヌの祖先が分かれ、モンゴル人が分かれ、チベット人、中国人が分かれ、さらに残った集団から韓国人と日本人に分かれ、現在に至ったと考えられる。アイヌは、その容貌からヨーロッパ系の白人とその祖先を同じにするのではないかと考えられていた。しかしＤＮＡ解析の結果、アイヌは本州に住んでいた日本人と共通なＤＮＡの特徴を持っており、同じ祖先を持つが両者は比較的早い時期に分かれたと考えられる。非常に興味深いことに、ＤＮＡから推定されたこのような人種の分かれ方は、現在多くの人種や民族が使っている言語から推定された過去の人種の分かれ方のパターンときわめてよく一致している。

現在の地球上にいるさまざまな人種は、たかだか約20万年のあいだに生じてきたとすると、我々ヒトの祖先がこの20万年のあいだに、一世代を30年とするとせいぜい数千世代のあいだに、ゲノムDNA上に変化が起き、現在地球上にいる多くの人種の顔つき、肌や髪の色の違いを示すようになったと考えられる。いっぽう、わずか20万年のあいだにゲノムDNA上に起こる変化は非常に少ないために、見かけ上はともかく地球上の人種間の生物学的な違いは小さい。DNAからみると我々ヒトは生物としてはほぼ均一に近い。もちろん、人種、民族間の宗教の違いなどあるが、これはDNAとはまったく関係のないものである。すなわち、我々のさまざまな人種は、基本的には同じ知的、身体的能力を持った生命体と考えてよい。その証拠として確かに過去に宗教的、経済的利害関係から人種間の衝突があったとはいえ、大きな意味ではヒトは同じ価値観を共有してきたし、さまざまな人種間のコミュニケーションも立派に成立している。すべての人種は基本的には違いがないことは、我々が無意識的にでも実感していることでもある。しかし、もし現在のさまざまな人種が多地域起源説の言うように数百万年かかって作られてきたものなら、現在の人種間のDNAの違いははるかに大きく、したがって身体的特徴、知的能力、運動能力など、現在の世界中の人種のあいだの違いよりはるかに大きなさまざまな人間集団が地球上にいるはずであろう。そうなると、ただでさえ問題になっている地球上の人種間の問題は、現在よりももっともっと深刻なものであったであろうことは容易に想像できる。また、もしネアンデルタール人などの旧人が絶滅しないで、我々現存するヒトとは独立して旧人グループとして現在でも地球上に存在していた場合はどうなったことであろう。おそらく両者のあいだにおける関係はきわめて深刻であったと考えられよう。このように現在の人種が確立するのにわずか20万年しか時がたたず、ネアンデルタール人などの旧人との遭遇も比較的最近で、人種間のゲノムＤＮＡの違いがきわめてわずかであることは、我々にとって人種間の調和という点だけみても大変幸運なことであったと言える。

生物社会と進化論

19世紀の後半に発表されたダーウィンの進化論は、生物の進化をもっとも矛盾なく説明する説として今日まで多くの批判をはねのけてきた。言い換えれば、ダーウィンの進化論以外の説では、今までの生物に関する膨大な進化に関する知見を矛盾なく説明できないのである。マクロ進化についてはまだいくつかの問題が残っているが、漸進的なミクロ進化に関しては、ゲノムＤＮＡの解析によって、その正しさはほぼ証明されたと言ってよいのではないか。

しかし、いっぽう、ダーウィンの進化論がポピュラーになるにつれ、生物進化の要因を論じた純生物学的な学説が勝手に解釈され、現代社会の階層やそれにまつわる諸問題の擁護や反論に用いられてきた。特に生存競争による適者生存の概念は拡大解釈され、19世紀のイギリスの哲学者スペンサー（H. Spencer）によって、単に社会にうまく適応する者が社会における成功者であるという当時の社会の仕組みを正当化するためとも言えるように解釈されたり、ダーウィンの従兄弟ゴールトン（F. Galton）や小説家のショー（G. B. Shaw）はダーウィンの進化論をもとに優性論を提唱し、それが極端に走った結果、ナチズムにみられるように20世紀の政治や社会にも大きな影響を与えた。現在ではもちろん、これらの論は不毛な論議として、一部の人たちを除いては、あまり相手にされていない。いっぽう、逆に旧ソビエト連邦では、生物の持って生まれた遺伝的性質がまれに起こる変異以外には基本的には変わらないとする現代遺伝学の根本概念は、外部環境によって社会が変わるという革命的社会主義的考え方とは相容れないとして、植物学者ルイセンコ（T. D. Lysenko）が政治権力を握り、ダーウィンの進化論やメンデル遺伝学を支持する学者を追放、弾圧した。このため、現在のロシアのＤＮＡを研究する学問（分子生物学）は西欧に比べて著しく遅れてしまったと言われている。これらの事実から、今や、生物界の原理を単純に人間社会の原理として援用や解釈したり、逆にイデオロギーを生物学の研究に持ち込むことの馬鹿馬鹿しさを我々は遅ればせながら学んだと言える。このような純粋に科学上の理論が社会問題と関連させられることは、我々ヒトも生物の一種であることから、生物学の学説だからこそ起こり、基礎科学の物理学や化学では聞いたことがない。一部の人は生物学の研究結果をこじつけでもよいから、関心のある社会問題に関する主張と関連させ、自分の説を正当化させたい誘惑があるのであろう。

さて、今まで論じなかった進化に関するもう一つの興味深い問題についてここで少し言及したい。それはヒトや他の多くの動物でみられる、さまざまな本能にもとづくとされるような行動や、アリやミツバチにみられる集団的な社会行動も生物進化の要因やその結果であるかどうか、という問題である。ともすれば今までの進化論は四肢や眼などのような、生物個体の組織、器官の発達による生存競争における有利さだけを、進化の要因として焦点を当ててきた。しかし、動物に一般にみられる親が子供を保護して守る本能的な行動や、多くの動物でみられる集団的な行動により天敵などからその種を守る行動、さらに高度なアリなどにみられるそれ独特な社会を作り上げ、それにより集団として子孫を存続させていると思われる行動などはよく知られていることである。これらの行動について生物進化の立場から鋭く問題を提起したのは、アメリカの昆虫学者ウイルソン（E. O. Wilson）である。アリの社会的行動を研究していたウイルソンは、動物の行動は、個別的、集団（社会）的を問わず、少なくともその一部は遺伝的に規定されており、これらはその種の生存に関わり、したがって進化や自然淘汰の対象となる。言い換えれば、多くの動物の行動は、組織や器官の進化と同じように、長いあいだの生物の進化の結果であるとし、当然、これらの行動は遺伝子の影響下にあることを強く示唆したのである。このような考えはすでにロレンツ（K. Z. Lorenz）などが鳥類の行動の研究から主張していたが、ウイルソンはそれを膨大な資料をもとに論理的にかつ明白に組み立て直して、人間社会の成り立ちにまでその論を進めたのである。

1975年に最初の論文が発表されたこのウイルソンの論は、発表直後から、厳しい批判の矢面に立たされた。生物学に関係のない多くの社会科学者はもちろん、有名な古生物学者、グールド（S. J. Gould）など一部の生物学者も批判の先頭に立った。彼ら、反対論者の言い分は、そもそも、ヒトも含めた動物の社会的行動は遺伝子の働きとは別の後天的な環境の影響の結果であり、このような説では説明できるものではないとした。そして、一部の学者は、この説は現在の社会の多くの矛盾を正当化するための意図的に作られた説であり、到底信用できないと主張したのである。政治的思想を持ち込んだ、感情的とも言えるこの論戦は今も続いているが、ゲノムDNAの解読が進み、多くの動物の行動や挙動などに関わる脳神経系の遺伝子が同定されるにつれ、ウイルソンの考え方を支持する研究者が増えてきている。そして、このような学問分野はウイルソンが提唱したように社会生物学（sociobiology）として確立しつつある。

ウイルソンらの主張は以下二つの前提をもとに成り立っている。まず第1に、多くの動物の行動は遺伝的なものである、すなわち、その行動をもたらす要因はその動物のゲノムDNAの中に組み込まれており、従来考えられていたような、動物社会の影響の下に後天的にできあがったものではない。第2にこのような行動は、そしてそれに関する遺伝子は、その動物の置かれた環境の下で適応して、ほかの組織や器官の進化と同じようにより洗練されて（進化して）いき、その種の存続に大きな役割を果たしている。

では一体具体的にどのような行動が生物、特に動物に進化の要因として考えられるのだろうか。よく引用される例として、競争に勝って新しく君臨した雄のライオンが自分の子でないライオンの子を殺す行動がある。社会生物学では、これは自分の優れた遺伝子だけを残すための行動と理解し、このような行動はもともとライオンのゲノムＤＮＡの中に組み込まれており、まだ同定はされていないがいくつかの遺伝子による結果と考える。ほかにも、動物界にあまねくみられる親が子を保護する行動もダーウィンの進化論の範疇に入るとされる。そもそも子は弱いもので、それが成人となるまで親の庇護の下で生育されねば、ほかの動物からの攻撃の対象になり、その種はそこで断絶されてしまう。逆にそのような子を保護する本能とも言うべき遺伝子を持った動物は、現在まで生き残る可能性が高かった。このような例は枚挙にいとまがない。

また、卑近な例では、イヌが人間に示す忠誠心とも言える行動はどうであろうか。イヌはオオカミと近縁であるが両者の現在の生活様式は対照的である。オオカミと袂を分かったイヌはその生存の手段として、ヒトとの共存を計るように、その遺伝子が変わった（進化した）とも十分考えられるし、それを支持する多くの観察例もある。最近のヒトとイヌのゲノムＤＮＡを比較した研究では、両者が約３万年間共同の生活を送ってきており、その証拠としていくつかの遺伝子に起きた変化が両者ともほぼ同じ年代に起こったという。将来、イヌに限らず、ヤギやウマなどの家畜についてそのヒトとの共同生活に至るためにどの遺伝子が必要だったのか、どのようにしてその遺伝子ができあがったのかなどが興味ある研究テーマになることであろう。

確かに、今まではこれらの生物の行動を支配する、遺伝的、生物学的背景がまったくわかっていなかった。そのためか、これらの行動を主観的に、極端には政治的にまでも解釈して、混乱していたことが往々にしてあった。しかし、最近のゲノムＤＮＡ研究の急速な進歩によって、これらの行動を支配する脳神経系の機能に関する遺伝子がつぎつぎ発見されるにつれ、議論がより客観的、科学的になってきたのは喜ばしいことである。たとえば、セロトニン（serotonin）という物質は脳内で動物の行動、性格などをコントロールしている。この遺伝子を人工的になくした雄のマウスでは、その行動様式が変わり、即座にほかの雄のマウスを攻撃するようになるという。生物のさまざまな行動もそれを支配する、少なくとも影響を与える遺伝的背景があることが明白になりつつある。

またアリやミツバチの集団的な社会行動はどうであろうか。彼らは集団的に特有の社会を作り上げ、そこで個々の生物は、その社会を維持するために、場合によっては決まった役割を分担しているのである。その役割は往々にして集団の存続のために自身（個）を犠牲にする行動、利他的行動（altruism）、であることすらしばしばみられる。(26) このような生物は、結果として、集団でいることにより、自分たちの種を保ち、そのため今まで生き残ってきたと考えられよう。ほかにも多くの高等動物が集団で生活し、敵となるほかの種類の動物の攻撃から身を守ることは、多くの研究の結果、よく知られている。このような生物がある集団を形成することによって自身の種の存続を計ることはグループセレクション（群選択、集団選択：group selection）と呼ばれている。

このように程度の差こそあれ、集団を作ることにより、その生物が個々に生きるよりも、厳しい生存競争のなかで生き残る機会が増えるとしたら、そしてそのような生活様式をすることが遺伝子としてゲノムＤＮＡの中に存在するのなら、これは立派にダーウィンの進化論の範疇に入る。そこには、集団社会を作り上げるのに必要な、遺伝的要素の強い脳神経系の発達があったと思われるが、それがどのようにしてゲノムＤＮＡの中に遺伝子として組み込まれていったのか、きわめて興味がある問題である。ほかにも本能とも言える多くの種を守るための現象が知られているが、これもなんらかの遺伝的背景があることは間違いない。ただ、今のところ、このような社会的や本能的な行動に関する遺伝子を同定することは技術的に難しいので、結論が出るまでには相当な時間がかかるであろう。しかし、ＤＮＡを研究する分子生物学者には、その関与が直接的か間接的かは別として、そのような遺伝子が存在しても一向に不思議ではない、むしろ存在するはずだと考える人が多い。それが明らかになったときに、集団社会を作り上げている我々ヒトも、その生物的観点からみた存在理由が明らかになるであろう。そして、それが現在の複雑な人間社会のより科学的、客観的な理解につながればよいと切に願う。

我々人間がともすれば陥りやすい錯覚は、実際は我々ヒトもほかの生物と同じような進化の道筋をたどってきて、ほかの動物と比べて脳が発達していることを除けば、特段変わったことがないのに、人間だけが何か特別な存在だと信じ込んでしまうことである。そのために、往々にして、自身の行動や考えをこうした観点から正当化しようとする。その例は枚挙にいとまがないが、現在地球上で急速に進行中の自然の破壊も、経済活動という大義名分でそれを正当化している。そもそも経済活動などというものは自然界には存在しない。また、人間の社会のあり方をめぐっても、「人間はもともと崇高な生き物であり、ほかの生物とは本質的に違うから、こうあるべきだ」と主張する。もともと自然界には「すべき」という概念はない。ほかにも、極端な人間の行為を、動物にも劣る行為と言って、自分の都合の良いように勝手に解釈する場合もある。すでに述べたように、すべての生物は、何億年にも及ぶ、その長い歴史を通して、随時変化する環境に適応するため、自身や、場合によってはその群や社会までも変えて適応し、生存競争に打ち勝ち、ここに存在しているだけである。そこには、このような人間の、主観的な、自分勝手な、見方によっては驕った論理が入り込む隙はない。あるのは自然の摂理だけである。

コラム：第6の生物の大絶滅

現在地球上にはどれくらいの種類の生物がいるのか、その数はよくわかっていない。しかし、正式に記載されているものとして、ヒトや魚などの脊椎動物（約4万種）、カニ、ムカデなどの節足動物（約12万種）、タコなどの軟体動物（約5万種）、昆虫類（約75万種）、植物（約25万種）と、さらにまだ十分には記載されていない膨大な数のバクテリアなどの微生物などを加えると、少なくとも数百万種の生物がいるのではないだろうか。これらの生物種はおそらくただ一種一個だった原始生命体が三十数億年かかって増えてきた結果である。ところが、20世紀を境にこれらの生物はすさまじい勢いで地球から姿を消し始めた、すなわち絶滅し始めたのである。大隕石の衝突による白亜紀末の生物の大絶滅から約6600万年たった現在、どうやら、第6の生物の大絶滅が進行中であることは間違いない。今までのたび重なる生物の大絶滅は隕石の衝突などの自然現象が原因であったが、これらと違って、現在進行中の生物の大絶滅は、史上初めて、ある生物がほかのすべての生物の存在を脅かしている結果である。ここに言うある生物とは、もちろん我々ヒトである。

では現在、どれくらいの生物がどれくらいのスピードでこの地球から姿を消しているのだろうか。自然条件の下で絶滅する種は、4～5年間に一種とされているが、現在の絶滅の速度は、ある計算によると、ブラジルだけで一日に4種、世界中でみると1時間に1種、年間では1万〜4万種、であるという。実際絶滅してしまった鳥はすでに100種以上、哺乳動物は80種に及ぶ。あたり前のことだが、いったん絶滅した種は決して地球には戻ってこない。また、絶滅寸前の種は、鳥類の約11％、哺乳類の約25％、魚類の34％に及んでいるという。いちいち具体例を挙げるまでもないが、地球上に総計20万頭いたライオンはここわずか20年間に90％近く減少し、現在わずか2万頭しかいない。マグロやタラなどの大型魚もここ半世紀で90％以上地球から姿を消した。ある統計によると、後30年で地球上の生物の約20％が消滅し、今世紀末までに500種近い鳥と6万種の植物種が絶滅する可能性がある。これは現在記録されている生物種のおのおの69％と67％に相当する。[27]

いろいろな説があるが、白亜紀末の生物の絶滅が約30万年かかったとすると、現在の種の滅亡のスピードはその1万倍にも及ぶし、国連などの報告でも、現在進行中の生物の絶滅のスピードは、過去35億年におけるどの生物の大絶滅をもはるかにしのぐという。

ここでは、具体的にどのようなヒトの活動が生物の絶滅を引き起こしているか、また最近問題になっている地球の温暖化が生物の絶滅にどの程度関係しているかなどについては、ほかに多くの報告や議論があるので述べない。ただ、人口の増加と経済活動の活発化によって、地球上の我々以外の生物の生存に適した環境が失われつつあること、また生物の再生産可能数を上回る乱獲などが、現代の生物の大絶滅のもっとも大きな原因であることは誰もが認めていることである。前者では熱帯雨林などを破壊し、従来そこに棲んでいた生物の棲息地を奪い、後者ではマグロやタラなどの魚を乱獲し、おまけに毛皮や牙を取るためにトラやゾウなどの密猟すらいとわない、すべてヒトの活動の結果である。また、湖沼や川の汚染や外来種の持ち込みなどによる生物種の絶滅もすさまじい。シーラカンスも、いつまで地球上に存在するかどうかわからないし、生ける化石でなく絶滅してしまった生物として名前が残ることになるかもしれない。あまり議論されないが植物の絶滅も著しい。恐竜は絶滅するまでの長いあいだ生物界の覇権を握っていたが、ほかの生物をすべて食べ尽くして滅亡に追い込むことはなかった。実際恐竜が全盛の頃、地球上の生物種が著しく減ったという記録はない。現在地球上で覇権を握っている人間と過去地球上で覇権を握っていた恐竜の大きな違いはここにある。

はたしてこのまま、我々は第6の生物の大絶滅を目の前にして、それをみすみすと見過ごしていくのだろうか。大隕石の衝突などは生物にとってはいかんともしがたい自然現象であったが、今回の大絶滅はそれと違って、今からでも回避することは不可能ではないと信じたい。この深刻な問題を解決するために、今ほど我々ヒトの叡智と勇気が試されているときはないであろう。

エピローグ

数千万年前に絶滅したと思われていたシーラカンスがアフリカ沖に現在も生きながらえていたことがわかってから，4分の3世紀以上が経過した。この間は，生物学の研究にとっても，まさに激動の4分の3世紀であった。それは，親から子へ継承され，生物の種を保存するための物質の本体がDNAであることが証明され，それをもとに多くの生物現象，特にDNAからの情報の流れが分子レヴェルで急速に明らかになった時代でもあった。また，DNAの解読技術の進歩により，今や，我々ヒトも含めて多くの生物のゲノムDNAが解読されるに至ったのである。その結果，地球上に現存する生物の過去の進化の道筋や系統的な関係がより詳しく，かつ，正確に明らかになってきた。また，生物の過去の生活様式も単なる想像の産物ではなくなった場合もある。このような研究の典型的な例は，本書で述べたように，過去に存在していた生物と形態などが酷似している現存の生物（生ける化石）の生態やそのゲノムDNAを調べ，その過去生物のありようを推定することである。その意味でシーラカンスの生態の観察、その内部組織や器官の所見、そして最近明らかになったそのゲノムＤＮＡの解読は、今まで我々が持っていたシーラカンスに関する多くの謎や疑問について、完全な答えではないにしろ、多くの有益な示唆を与えたと言える。

しかし、シーラカンスに限らず、何億年も前に生存していた生物については、たとえ、形態的にきわめて類似している生物が現存しても、その研究にはおのずと限界があり、したがって、我々が知りたい多くの謎、特に生物の進化の要因に関する謎は、まだまだ解決されないで残っているのが現状である。我々ヒトの進化にしても、ヒトとして確立してからの道筋についてはほぼその全体像が明らかになりつつあるとはいえ、この間、どうして我々の脳がほかの生物に比べて急速に発達したのかすら、その要因はまったくわかっていない。まして、それよりはるか昔に我々の遠い祖先に起こった出来事、たとえば本書で取り上げた海中に棲んでいた生物が陸で生活するために必要であった多くの遺伝子の出現やその変化については、ただ想像を巡らすしかないものも多い。

その謎を解く難しさの原因はもちろん、化石という過去の生物の遺物しか、謎を解く手がかりがないことであるが、根本的には、進化の要因、特にマクロ進化の要因に関する科学的に納得できる仮説がないことにあるのではないだろうか。本書でも何回か触れたが、ゲノムＤＮＡに起きた小さな遺伝的変化の積み重ねでは漸進的な進化は説明できても、大きな進化は説明できないとする研究者も多い。もちろん、大きな進化はすでに存在している遺伝子をそっくり転用することで達成できるとも解釈できるが、ではそのもとになる遺伝子はどうしてできたのであろうか。ホックス遺伝子群の転用によってシーラカンスなどの四肢の原型を持った生物からチクターリクのような移行動物が進化したとしても、そもそもホックス遺伝子群とそれに連なる多くの四肢の形成に関わる遺伝子群はどうしてできあがったのだろうか。その遺伝子群の形成の過程にその生物の生存に関するなんらかの優位性があったのなら、それはそれで納得できるが、少なくとも現在の分子生物学の知識を持ってすら、また、いくら億年単位の時間があったとしても、その遺伝子群の出現のメカニズムを科学的合理性をもって説明するのはそう簡単ではない。私が考えるに、鍵は、カンブリアの大爆発に至る前の30億年にも及んだ長い先カンブリア時代と、それに続いて起きたいわゆるカンブリアの大爆発と言われる突如とした膨大なしかも多種多様な海生生物種の出現に至るプロセスにあるのではないか。このような莫大な生物種の出現は当然多様なゲノムＤＮＡの出現が伴うことがなければならないので、わずか数百万年という、三十数億年に及ぶ生物の歴史からみるときわめて短時間でどうしてこのようなことが可能であったのだろうか。この点に関して、それを説明するのに多くの仮説が提唱されているが、変異と自然淘汰によるダーウィンの進化論のみでは説明が難しいという意見もいまだに根強い。先カンブリア時代からカンブリア時代の初期にわたってなんらかの理由で、ゲノムＤＮＡのきわめて異常な増大[28]も含めて、不安定化、流動化が起こり、当時激変した地球環境に応じて、それに適応できるようにゲノムＤＮＡが変化した生物が一挙に生まれたのであろう。最近のゲノムＤＮＡの解析の結果をみると、哺乳類などと比べて魚類の種によるゲノムの大きさの幅はきわめて大きいことがわかってきたが、この事実はそれを反映しているとも言える。そして、そのようなゲノムＤＮＡの不安定化、流動化はその後徐々に終息し、ゲノムＤＮＡの安定化に寄与するクロマチン構造[29]の完成やＤＮＡの修復系などの発達などにより、現在にみられるようなきわめて安定化したゲノムＤＮＡの保持のメカニズムが確立したのではないか。また当時、特に先カンブリア時代には、生物の組織や器官を作り上げる発生過程に、遺伝情報の流れ自体も含めて、現在の生物ではすでに存在しなくなったまったく異質なパラダイム（規範）が存在したとも考えられる[30]。たとえば、現在は否定されているラマルクの用不用説と類似したメカニズムが働いていたとも考えられる[31]。ラマルク説の最大の問題は器官や組織など体細胞の活動がいかにして生殖系を通じて子孫に影響を及ぼすかについて説明できないことにある。もしそうなら、それを証明するために、どのようにして、その手がかり、痕跡を見つけるのか、難問であるがきわめてチャレンジングな問題であることは言うまでもない。

あとがき

新しい化石の発掘やＤＮＡ研究の進歩によって、生物の進化の道筋がだいぶ明らかになってきた。しかし、そこにはまだまだ多くの謎が山ほど残っている。その謎が、これからどのように解かれていくのか、専門の研究者のみならず、一般の方々も興味を持って見守っているのではないだろうか。本書ではシーラカンスを中心に、最近明らかになりつつある生物の過去の歴史、特に生物の進化についての最近の知見を、なるべくわかりやすく叙述したが、書き上げてみると、まだあれもこれもと、私自身納得がいかない点が多い。しかし、この本によって、シーラカンスや生物の進化に興味を持たれている方々が、なんらかの知的刺激を受けていただけたなら私の望外の喜びである。

ここで、本書にも写真を掲載している私の化石コレクションについて述べたい。実は、父が中生代の植物化石を研究する古生物学者（大石三郎）であったこともあり，化石は私にとって幼時から身近なものであった。そんな訳で，私の専門はＤＮＡの研究だが，門外漢ながら生物の進化にも常に興味を持っていた。また趣味として，20年近い在米の時代を含めて，今まで40年以上にわたって，化石の収集を続けてきた。その結果，十数点のシーラカンスの化石など中生代の魚類を中心とした化石が約４００点以上に達したので，最近このコレクションの一部を公開したところである（城西大学大石化石ギャラリー）。興味がある方は足を運ばれたい。

本書を書くにあたって多くの人にお世話になった。私は特段，化石や古生物について専門的な教育を受けた訳ではないので，上野輝彌氏，籔本美孝氏，加藤久佳氏らから専門的な立場からの助言やコメントをいただいた。ほかにもシーラカンスの生態については岩田雅光氏から，そのゲノム解析については実際に解読に携わられた二階堂雅人氏から，魚類を含む生物ゲノムの最新情報については平川英樹氏から，分子時計については菊野玲子氏から貴重な情報とコメントをいただいた。二階堂雅人氏は進化論の最近の動向について意見を交換させていただいた。岩田雅光氏，籔本美孝氏には，シーラカンスおよびシーラカンス化石についての貴重な情報と写真を，田畑哲之氏にはシアノバクテリアの写真を提供していただき，中田健太郎氏には私所有の化石（大石コレクション）の写真撮影についてお世話になった。これらの方々に心からお礼を述べたい。

また素稿を読んで、特に動物の社会的行動について科学的見地から有益な助言をくれた大学時代からの親友、畑正憲君に感謝したい。本書を出版するきっかけを作ってくださった三井恵津子氏、出版にあたり、原稿の整理や一般向けの本を書くについての有益なコメントをいただいた丸善出版株式会社の熊谷現氏にも改めてお礼を申し上げたい。

この本を、亡き父と母に捧げたいと思う。

2015年4月

大石道夫

註　釈

第 1 章

(1) 本書における地質年代はInternational Chronostratigraphic Chart（国際年代層序表, 2014/02）による. これをもとにした地質年代表を次ページに示す.

(2) 岩田雅光, 安部義孝, "インドネシアシーラカンスの発見と展望", 生物の科学 遺伝, **68**, 215(2014).

(3) 岡田典弘, "シーラカンスフォトギャラリー", 生物の科学 遺伝, **68**, 186(2014).

(4) 1970年代に開発された, ごく微量のDNAからその遺伝情報（塩基の配列）をそのまま保ったまま理論的には無限に増やすことができる技術. PCRとはPolymerase Chain Reactionの略. これによってあまりにも微量なため解析が不可能だったDNAを解析可能な量まで増やすことができるため, 犯罪捜査, 食品への細菌汚染の検出, 歴史上, 考古学上の人物の遺体の同定, などその応用範囲は広い.

(5) PCR法などによって微量DNAを解析可能な量まで増やすにはもとのサンプルにあるDNAが分解されていないで存在することが成功の前提条件になる. 一般に乾燥している場合や低い温度ではDNAは安定なので, そのような条件にあったサンプルは成功しやすいが, DNAの自然分解（特にプリン残基の脱落）を考えると, 理想的な条件下でも20万～30万年前以上の古いサンプル（化石など）からDNAを増やすことは不可能とされている. いっぽう, 高温多湿な地域にあったサンプルではDNAが分解しやすいので成功の可能性は低くなる. このため, 5章で述べるネアンデルタール人やシベリアのデニソヴァン洞窟で見つかった原人の遺骸から取ったDNAは解析することができたが, インドネシアのフローレス島で見つかった原人と思われるヒトの遺骸（約1万2,000年前）からはDNAをPCR法で増やすことができなかった.

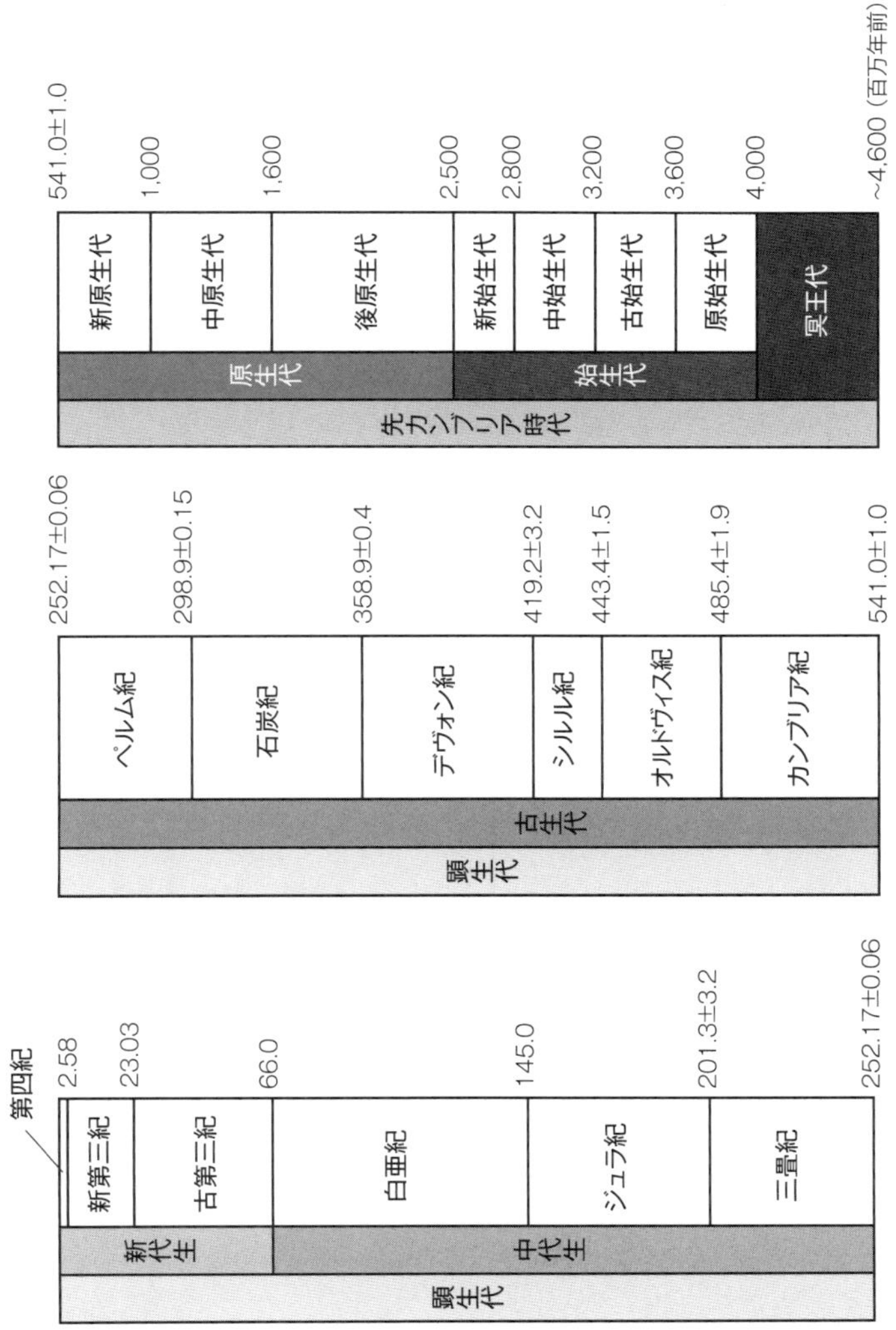
顕生代
新生代
第四紀
新第三紀
古第三紀
中生代
白亜紀
ジュラ紀
三畳紀
2.58
23.03
66.0
145.0
201.3±3.2
252.17±0.06
顕生代
古生代
ペルム紀
石炭紀
デヴォン紀
シルル紀
オルドヴィス紀
カンブリア紀
252.17±0.06
298.9±0.15
358.9±0.4
419.2±3.2
443.4±1.5
485.4±1.9
541.0±1.0
先カンブリア時代
原生代
新原生代
中原生代
後原生代
始生代
新始生代
中始生代
古始生代
原始生代
冥王代
541.0±1.0
1,000
1,600
2,500
2,800
3,200
3,600
4,000
~4,600 (百万年前)
図 地質年代表

第2章

(6) もともとシアノバクテリア自体は単細胞ではあるが，オーストラリア，グリーンランドなどから化石として見つかったシアノバクテリアは，キャベツの葉のように何層よりなる集合体（ストロマトライト：stromatolite）を形成している．

(7) しかし，その後の研究で，当時の大気にはユーレイとミラーの実験に用いられたアンモニアなどは少なく，むしろ二酸化炭素，窒素，一酸化炭素などが主な成分であったという意見が多い．その後，二酸化炭素などこれらの物質を用いて同様な実験が行われたが，先に見出されたアデニンやアミノ酸はほとんどできなかった．これは一見，ユーレイとミラーの実験を否定しているようにみえる．しかし，彼らの実験で用いられたアンモニアなどの物質が火山の噴火などで地球上のどこかに発生し，それらからアデニンのような DNA の構成成分が生じ，それらが最終的に DNA になったという考え方は否定できない．なにぶん，何十億年前の話で状況証拠すらまったくないのだ．

(8) このような RNA をメッセンジャー RNA と呼ぶ．DNA からメッセンジャー RNA への情報と伝達は，DNA のアデニンなどの塩基と相補的な RNA の塩基とのあいだのペアを作ることにより，きわめて正確に行われる．

(9) このように，タンパク質のような分子反応を行うことができる RNA を一般にリボザイム（ribozyme）と呼ぶ．

(10) この仮想の究極的な祖先は LUCA（Last Universal Common Ancestor）と呼ばれる．その中に universal（すべてにあてはまる）の言葉があることに注目していただきたい．現在地球上にいるすべての生物にあてはまる共通の祖先がいることを既定のこととしている．

第3章

(11) D. Palmer *et al.*, “Prehistoric Life: The Definitive Visual History of Life on Earth”, p. 135, Dorling Kindersley, 2009.（邦訳：小畠郁生監修，『生物の進化 大図鑑』，河出書房新社，2010 年）

(12) たとえば，N. Shubin, “Your Inner Fish: A Journey into the 3.5-

Billion Year History of the Human Body", Brockman, 2008.（邦訳：垂水雄二 訳,『ヒトのなかの魚，魚のなかのヒト：最新科学が明らかにする人体進化 35 億年の旅』，早川書房，2008 年）

(13) シーラカンスの化石やその進化については以下に詳しい．
籔本美孝 著,『シーラカンス：ブラジルの魚類化石と大陸移動の証人たち』，東海大学出版会，2008 年．
籔本美孝，上野輝彌，"白亜紀の絶滅をどのようにして生き延びたのか"，生物の科学 遺伝，**68**，245(2014)．

(14) シーラカンスのゲノム解読については以下の 2 論文がある．
M. Nikaido *et al.*, "Coelacanth genomes reveal signatures for revolutionary transition from water to land", *Genome Research*, **23**, 1740(2013).
C. T. Amemiya *et al.*, "The African coelacanth genome provides insights into tetrapod evolution", *Nature*, **496**, 311(2013).
これらの内容をまとめた解説は岡田典弘 編，"特集 シーラカンス研究最前線"，生物の科学 遺伝 2014 年 5 月号（エヌ・テイー・エス）に詳しい．

(15) 二階堂雅人，岡田典弘，"シーラカンスゲノム進化"，生物の科学 遺伝，**68**，256 (2014)．

(16) このように過去に機能していた形跡はあるが，現在は機能していない（できない）遺伝を偽遺伝子（pseudogene）と呼ぶ．

第 4 章

(17) 二階堂雅人博士，岡田典弘博士らの下記の研究による．
M. Nikaido, A. P. Rooney, N. Okada, *Proc. Natl. Acad. Sci. USA.*, **96**, 10261(1999).

(18) 普通，生物の系統や進化の道筋を調べる場合，すべてのゲノム DNA 上の変化を調べることは実際上不可能なので，ゲノム DNA のいくつかの場所に注目してそこでどれくらい塩基の違いが生物のあいだにあるのか調べるが，その違いを調べるゲノム DNA 上の場所は慎重に選ぶ必要がある．まず，塩基の変化がその生物の生存にとって必須な遺伝子に起こった場合には，そこに起きた変化を受けた生物は現在まで存在していない可能性があるから，見かけ上の塩基の数の違いから単純にその生物の過去の歴史を推定することはで

きない．だからたとえ塩基の変化があっても，その生物の生存に比較的無関係な（中立的な）ゲノム上の部位を選ぶ場合が多い．DNAの変化を一般的に多型（polymorphism）と呼ぶが，もっとも多いのは，ゲノムDNA中のどれか一つの塩基が，たとえばA（アデニン）がG（グアニン）に変わったように，ほかの塩基に変わっていく場合である．この結果生じた多型を一塩基多型（SNP: Single Nucleotide Polymorphism）と言う．

数万年，数十万年という比較的短い期間の変化を調べるには，ゲノムDNAにみられる塩基の変化は少なく，統計上正確に進化の分子時計としてDNAを使うことは難しい．一般にそのような場合は変化が蓄積しやすいミトコンドリアのDNAを調べることが多い．註25参照．

(19) 見逃されたDNAの変化はその後，DNAの複製を経ると修復されることは一切ない．なぜなら細胞はいったん複製プロセスを経たDNAの変化はなんら異常がない正常なものとして認識するからだ．だから，万一，修復されなかった変化したDNAは永久に固定されることになる．

(20) コオプションというコンセプトはほかにも前適応（preadaptation）などと呼ばれることもある．

(21) 反復配列が新しい遺伝子の供給源となることに関しては，胎盤の遺伝子についてこれを証明した，金児，石野博士らの先駆的研究がある．そのまとめの文献を挙げる．

T. Kaneko-Ishino, F. Ishino, “The role of genes domesticated from LTR retrotransposons and retroviruses in mammals (review)”, *Front. Microbiol.*, **3**, Article 262, 1(2012).

(22) 逆に浮き袋が原始的な肺から進化してできた，という説もある．これについては，たとえば以下の文献がある．

J. B. Graham, “Air-breathing Fishes: Evolution, Diversity, and Adaptation”, Academic Press (1997).

第5章

(23) 火山の大噴火が地球の気温を下げ，地球規模での作物の冷害など深刻な影響を引き起こした例は数多くある．最近では1980年のアメリカ，ワシントン州のセントヘレナ山の噴火は世界的な気温の低下

をもたらした．多くの場合は火山の大噴火の影響は一時的である．しかし，火山の大噴火が巨大隕石の落下と異なるのは，噴火によってガスが噴出することで，そのなかでも亜硫酸ガスと二酸化炭素がその後の気候の変化の原因となる．亜硫酸ガスは太陽光の遮断と酸性雨を，二酸化炭素は温室効果による気温の上昇をもたらす．

(24) たとえば当時の大気の酸素濃度は30％以上ときわめて高かったので，衝突のインパクトによって，地球上に大火災が生じたとも考えられる．実際，この直後地球上の酸素濃度は急激に減り，逆に二酸化炭素の濃度が増大した．二酸化炭素の温室効果により，逆に地球の温度が急激に上昇し，これも生物の生存に甚大な影響を与えたという説もある．

(25) このように数万年，数十万年という比較的短い期間のDNAの中にある塩基の置き換わっている頻度を調べる場合，対象として核にあるゲノムDNAを調べるより，ミトコンドリアDNAを調べる場合が多い．理由は，核のゲノムDNAにみられる塩基の変化は一般に少なく，統計上正確に進化の分子時計として核のゲノムDNAを使うことが難しいからだ．そのため，塩基の変化が核のゲノムDNAよりおよそ10倍のスピードで蓄積され，しかも母系のみ伝わっていくミトコンドリアDNAを対象とする場合が多い．ミトコンドリアでは間違った塩基が生じたときにそれを修復する能力が核に比べて弱いために，比較的短い時間に塩基の変化が起き，また細胞あたりのコピー数が核ゲノムDNAより多いので，分解しやすい条件にあったためにDNAの回収が難しいサンプルの研究には適している．

(26) 利他的行動は進化上その由来はともかく，必ずしもある種の集団を保持するためだけにあるものではない．しかし，そこには遺伝的な背景が存在することはヒトにおける利他的行動の最近の研究から明らかになりつつある．

(27) P. Ward, “Future Evolution”, Henry Holt and Company (2001).

エピローグ

(28) もし当時の生物のゲノムサイズが現存の類縁生物のゲノムサイズと同じであると仮定すると，シアノバクテリア（約350万塩基）と比べると，魚類（フグ：約4億塩基，メダカ：約9億塩基，ゼブラフィッシュ：14億塩基，肺魚：約50億～110億塩基）は約百倍から

数千倍もゲノムサイズが大きくなっている.

(29) バクテリアなどの原核生物のゲノム DNA は細胞内で基本的にはタンパク質などと結合せず，裸の形で存在しているが，高等動植物ではゲノム DNA はある種のタンパク質（クロマチンタンパク質）と結合して，クロマチン構造（chromatin structure）という構造の中に存在している.

(30) あくまで私見だが，鍵は RNA から DNA への逆の情報の流れ（逆転写機構）の普遍的な存在と，現在は遮断されている体細胞から生殖系への遺伝情報の浸透にあったのではないか.

(31) 用不用説：18〜19 世紀のフランスの生物学者ラマルク（J. B. Lamarck）が提唱した説で，生物はその器官を使用することによってその器官が進化するとする説である．例としてキリンの首が長いのは高い木の葉などを食べ続けたからだとするが，そのためには現在の生物学では証明されていない，一代で獲得した性質が子孫に伝わらなければならず（それには生殖系の DNA がそのように変化しなければならない），ラマルクの説は否定されている.

参考文献

本書は多くの文献を参考にしてまとめられた．そのなかでも特に参考とした文献を以下に挙げる．生物進化の一般的な解説書としては（1），図が多く視覚的に進化を理解するには（2）がよくまとまっている．また，最近の邦文で書かれた進化の分子生物学についての一般書としては（6）がある．

(1) M. Ruse, J. Travis ed., "Evolution: The First Four Billion Years", Belknap Press (2009).

(2) D. Palmer *et al.*, "Prehistoric Life: The Definitive Visual History of Life on Earth", Dorling Kindersley (2009).（邦訳：小畠郁生　監修，『生物の進化 大図鑑』，河出書房新社，2010年）

(3) D. A. McLennan, "The concept of co-option: Why evolution often looks miraculous (review)", *Evo. Edu. Outreach*, **1**, 247 (2008).

(4) E. H. Davidson, D. H. Erwin, "Gene regulatory networks and the evolution of animal body plans (review)", *Science*, **311**, 796 (2006).

(5) J. Alcock, "The Triumph of Sociobiology", Oxford University Press (2001).

(6) 宮田 隆 著，『分子からみた生物進化：DNAが明かす生物の歴史』，講談社ブルーバックス，2014年．

シーラカンスは語る
化石とDNAから探る生命の進化

平成27年5月30日　発　行

著作者　大　石　道　夫

発行者　池　田　和　博

発行所　丸善出版株式会社
〒101-0051 東京都千代田区神田神保町二丁目17番
編集：電話(03)3512-3262／FAX(03)3512-3272
営業：電話(03)3512-3256／FAX(03)3512-3270
http://pub.maruzen.co.jp/

組版印刷・株式会社 精興社／製本・株式会社 松岳社

ISBN 978-4-621-08932-3 C0045　Printed in Japan